职教本科通识课系列教材

人工智能基础与应用

王海宾　石　浪　主　编

刘　霞　于玉杰　李　静　副主编

电子工业出版社

Publishing House of Electronics Industry

北京·BEIJING

内容简介

本书由校企"双元"共同开发，以人工智能应用开发的学习与认知过程为主线，以实践为主导，将理论知识与实践应用有机结合，将人工智能应用开发的过程分为数据、人工、智能和系统化四个层级和十二个步骤。十二个步骤包括：数据采集、数据整理、数据分析、数据标注、特征提取、模型创建、模型训练、模型测试、集成AI模型生成智能系统、系统测试、系统发布、系统部署与应用。本书内容从人工智能认知开始，讲解了人工智能应用开发所依赖的数据集成、Python编程基础、算法基础和基本框架、API的应用。为了增加人工智能的通识性认知，引入了由企业专家设计开发的基于AI智能应用系统开发平台的五个方向的行业应用。

本书适合作为应用型本科、职教本科公共课"人工智能基础"的通识性教材，也是人工智能爱好者的入门必备书籍，同时还适合作为高等职业院校人工智能相关专业的教材。

图书在版编目（CIP）数据

人工智能基础与应用 / 王海宾，石浪主编. —北京：电子工业出版社，2021.6（2025.8重印）
ISBN 978-7-121-41296-7

Ⅰ. ①人… Ⅱ. ①王… ②石… Ⅲ. ①人工智能－高等学校－教材 Ⅳ. ①TP18

中国版本图书馆 CIP 数据核字（2021）第 105963 号

责任编辑：左　雅
印　　刷：北京盛通数码印刷有限公司
装　　订：北京盛通数码印刷有限公司
出版发行：电子工业出版社
　　　　　北京市海淀区万寿路 173 信箱　邮编 100036
开　　本：787×1 092　1/16　印张：11.25　字数：324 千字
版　　次：2021 年 6 月第 1 版
印　　次：2025 年 8 月第 5 次印刷
定　　价：39.00 元

凡所购买电子工业出版社图书有缺损问题，请向购买书店调换。若书店售缺，请与本社发行部联系，联系及邮购电话：（010）88254888，88258888。
质量投诉请发邮件至 zlts@phei.com.cn，盗版侵权举报请发邮件至 dbqq@phei.com.cn。
本书咨询联系方式：（010）88254580，zuoya@phei.com.cn。

前言

海量的数据、强大的计算资源和更为先进的算法，构成了新一代人工智能技术的三大要素，促使人工智再次蓬勃发展，再一次成为社会焦点。随着国务院《新一代人工智能发展规划》的制定与出台，人工智能已经上升为国家战略，人工智能产业成为新的重要的经济增长点。2018年教育部印发《高等学校人工智能创新行动计划》，引导高等学校瞄准世界科技前沿，不断提高人工智能领域科技创新、人才培养和国际合作交流等能力。因此，在高校中探讨人工智能在分类和预测方面的算法、实践与应用，引导大学生具备"AI+"的意识和基本素养，是一项值得探讨的重要课题。

1. 写作背景

随着职业教育成为一种类型，职教本科已诞生，大量普通本科正在向应用型技术大学转型。新一代信息技术不断发展，大学生的信息技术素养不断提高，在应用型技术大学和职教本科新生中开设"信息技术基础"课程已经不能满足"AI+"行业的需要，"人工智能基础"课程逐渐替代"信息技术基础"课程已成为趋势和必然。

当前人工智能通识性教材并不多，纵观这些教材，大部分都是用专业术语讲解知识，并且很多教材内容的选取没有充分考虑读者对象和应用阶段，内容要么过于深奥，要么仅停留在走马观花的认知阶段，未能从职业教育的角度选取内容、讲解知识、注重实践。本书按照工程技术认知与学习习惯设计安排教材章节，既考虑了通识性教材的普适性，又涵盖了初学者能够看懂、学会的人工智能基础技术，每个知识点的讲解尽量做到通俗易懂。

2. 写作目的

新一代信息技术飞速发展，"AI+"已成为社会主流，作为一门深刻改变世界、有远大发展前途的前沿学科，人工智能覆盖面广、包容性强、应用需求空间巨大，学习人工智能基本知识有利于更好地培养学生的技术创新思维与能力。目前，作为本科生通识性教材的人工智能基础性教材不多且质量不高，作者把写作一本本科生人工智能基础的通识性范本教材作为编写目标。

本书的主编是一名具有近20年程序设计与开发经验的程序设计界的"老兵"，同时还是一名潜心教学改革与创新的高校教师。作者一直致力于将自己的经验或教训通过书的形式呈现给读者，通过最通俗易懂的语言与实例把复杂抽象的程序设计讲给业界的新人们。作者认为，无论教材采用什么编写模式，最关键的是要把问题描述清楚，把要讲解的内容以最直接、最直观的形式传达给读者。

3. 教材特色

国务院《国家职业教育改革实施方案》明确指出，职业教育与普通教育是两种不同的教育类型，具有同等重要的地位。深入推进产教融合，促进校企"双元"育人是"职教20条"的核心要素之一，校企"双元"开发已成为职业教育教材开发的基本原则。

随着职教本科院校的诞生，国家建设"职业技术大学"迈出坚实步伐，大学的教育正在逐渐变得"注重应用与实践"。本书顺应这一趋势，在书中理论知识够用的前提下，更加注重与强调实践，以实例与实训贯穿，通俗易懂。本书特色主要体现在以下几个方面。

◇ 通俗易懂

本书尽量摒弃过于深奥的专业术语，利用最通俗易懂的语言去描述人工智能应用开发的过程，采用类比的方法，将人工智能与现实生活相结合，让人工智能认知与应用开发更加简单易懂。

◇ 遵循人工智能认知过程

人工智能的应用开发过程按照设计、开发与应用周期可以分为：数据、人工、智能和系统化四个层级，本书遵循人工智能认知过程，依照四个层级的认知递进规律来设计和编写相关案例。

◇ 校企"双元"共同开发

本书紧跟行业发展新知识、新技术、新工艺、新方法，由河北科技工程职业技术大学教师和百科荣创（北京）科技发展有限公司企业专家共同编写，属于典型的校企"双元"开发。其中第 1～5 章的知识+实践部分由学校教师编写，融入了大量实践案例和教学经验；第 6～10 章由企业专家参与编写，注重实际应用和实践。

全书篇幅合理，以实际操作为基础，辅以相应的理论知识，既有利于教学，又非常适合自学，可供零基础的读者无障碍地阅读与学习。

4．编写情况

本书第 1～5 章由河北科技工程职业技术大学教师编写，第 6～10 章由河北科技工程职业技术大学教师和百科荣创（北京）科技发展有限公司企业专家共同编写。全书由王海宾进行整体规划、内容组织和技术把关，王海宾与石浪负责内容统稿并任主编，刘霞、于玉杰、李静任副主编。

第 1 章、第 3 章由王海宾编写，第 4 章由刘霞编写，第 5 章由于玉杰编写，第 2 章由李静、钱孟杰共同编写，第 6 章由王琦编写，第 7 章、第 8 章由谢苏编写，第 9 章由贾智惠编写，第 10 章由霍宏亮编写，程序源码、电子课件与课后习题由钱孟杰、李洪燕整理制作。本书的编写得到很多业界同人的支持，在此一并表示感谢。

尽管作者认真、仔细，并尽量做到最好，但书中难免有疏忽、遗漏之处，恳请读者提出宝贵意见和建议，以便今后改进和修正。作者 E-mail 地址为 seashore_wang@163.com。

编　者

2021 年 5 月

目录

第1章　揭开人工智能的面纱

海量的数据、强大的计算资源和更为先进的算法，构成了新一代人工智能的三大要素，促使人工智能得以再次蓬勃发展，人工智能再一次成为社会焦点。随着国务院《新一代人工智能发展规划》的制定与出台，人工智能已经上升为国家战略，人工智能产业成为新的重要经济增长点。纪录片《探寻人工智能》中介绍了大量人工智能的应用场景，其主流研究领域包含图形图像识别、自然语言处理等。本书主要讲解人工智能在分类和预测方面的算法、实践与应用。

章节学习目标

☑ 理解什么是人工智能；

☑ 了解人工智能发展过程；

☑ 掌握人工智能的三大要素；

☑ 掌握人工智能的技术层级；

☑ 了解人工智能应用开发；

☑ 了解人工智能的应用与未来。

1.1　什么是人工智能

在讲解人工智能之前，首先应该认知一下什么是智能。智能是智慧和能力的总称，主要说的是人的综合认知与应用能力。目前，人们大多把人脑的已有认知和智能的外在表现相结合理解为智能，其中包括了三个要素：知识、感应和行为，如图 1-1 所示。简单地说，智能就是在具有一定知识积累的前提下，有目的性地思考与反应。

人工智能（Artificial Intelligence，AI）蓬勃发展，应用领域不断拓展，但业界尚没有对于人工智能的统一定义。人工智能可以拆解为人工+智能，就是让人工研制的软硬件系统能够像人一样思考，并具有智能行为。在学术界一般认为，人工智能是研究、开发用于模拟、延伸和扩展人的智能的理论、方法、技术及应用系统的一门新的技术科学。人工智能的目的是用机器去实现目前必须借助人类智慧才能实现的任务。换句话说，人工智能的目的是让机器能够像人一样感知事物、学会思考、学会学习。

人工智能的研究领域和应用技术较为广泛，在具体的语境中，如果一个系统拥有语音识别、图形识别、检索、自然语言处理、机器翻译、机器学习中的一个或者几个能力，我们就认为它拥有一定的人工智能。

人工智能包括计算智能、感知智能和认知智能等层次，目前人工智能还介于前两者之间，人工智能所处的阶段还在"弱人工智能"（专注于某项特定任务）阶段，距离"强人工智能"（可以学习新知识、掌握新技能）还有较长的路要走。

人工智能诞生于 1956 年达特茅斯会议，历经 60 余年发展，内涵已经大大扩展，逐渐发展为一门交叉学科，它涵盖了计算机科学、统计学、脑认知科学、逻辑学与心理学等，如图 1-2 所示。

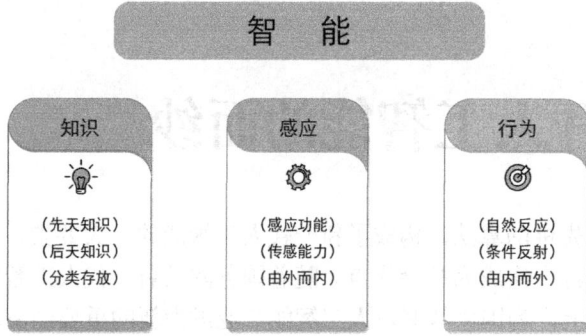

图 1-1 智能三要素

图 1-2 人工智能组成图

1.2 人工智能发展历程

1956 年夏天，美国达特茅斯大学数学助教（后任斯坦福大学教授）麦卡锡（J.Mccarthy）和哈佛大学数学和神经学家（后任麻省理工学院教授）明斯基（M.L.Minsky）、IBM 公司信息研究中心负责人洛切斯特（N.Rochester）、贝尔实验室信息部数学研究员香农（C.E.Shannon）共同发起，邀请普林斯顿大学莫尔（T.Moore）和 IBM 公司塞缪尔（A.L.Samuel）、麻省理工学院的塞尔夫里奇（O.Selfridge）和索罗莫夫（R.Solomonff），以及兰德（RAND）公司和卡内基梅隆大学的纽厄尔（A.Newell）、西蒙（H.A.Simon）等年轻学者在达特莫斯大学召开了为期两个月的学术研讨会，讨论机器智能问题，如图 1-3 所示。

图 1-3 达特茅斯会议合影

会上经麦卡锡提议正式采用"人工智能"这一术语，标志着人工智能学科正式诞生。麦卡锡因而被称为"人工智能之父"，1956 年被称为"人工智能元年"。自此，人工智能经历了三起三落的发展历程，也就是人工智能发展的三个阶段，如图 1-4 所示。

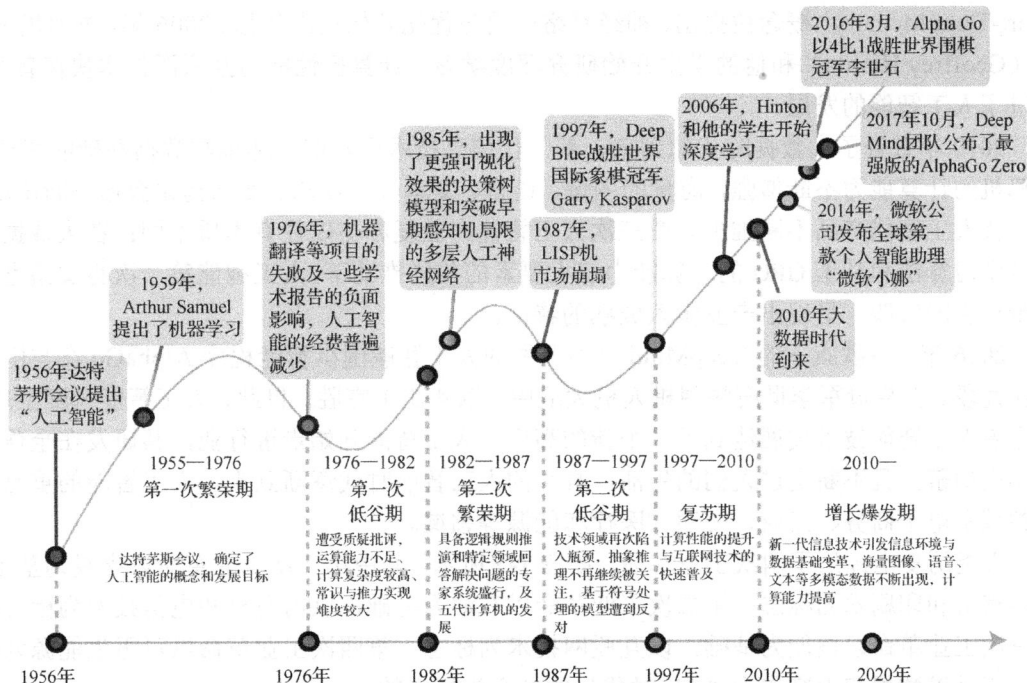

图1-4 人工智能发展历程

1. 人工智能发展的第一次繁荣期（1956—1982年）

1956年，在美国汉诺斯小镇的达特茅斯学院中，召开了一个关于"用机器来模仿人类学习以及其他方面的智能"的会议，即所谓的"人工智能"。

1959年，阿瑟·萨缪尔（Arthur Samuel）创造了"机器学习"一词，其研制的跳棋程序打败了萨缪尔自己。在此期间，机器翻译、机器定理证明、机器博弈开始兴起。

由于当时软硬件条件有限，计算机运算能力不足，而程序的计算复杂度却很高，人工智能研究多局限于对人类大脑运行的模拟，研究者多着眼于一些特定的具体问题，导致机器翻译等项目失败。同时，一些学术报告对人工智能研究的理论提出质疑，以及人工智能威胁论使得人工智能的研究经费普遍减少。

2. 人工智能发展的第二次繁荣期（1982—1997年）

1985年，出现了具有更强可视化效果的决策树模型，以及突破早期感知机局限的多层人工神经网络；日本国际贸易和工业部投资第五代计算机的发展；具备逻辑规则推演和特定领域回答的专家系统开始盛行。

1987年，LISP机（一种直接以LISP语言的系统函数为机器指令的通用计算机）的市场崩塌，人工智能研究的技术领域再一次陷入瓶颈，抽象推理不再被继续关注，基于符号处理的模型遭到诸多人工智能研究者的反对。

3. 人工智能发展的复苏与爆发期（1997年至今）

1997年，IBM研发的深蓝（Deep Blue）战胜世界国际象棋冠军，长短期记忆网络（Long

Short-Term Memory）概念被提出，神经网络应用与优化开始反向传播。2006 年，杰弗里·辛顿（Geoffrey Hinton）和他的学生开始研究深度学习。计算机性能与互联网技术快速普及，促进了人工智能的发展。

2010 年宣告了大数据时代的到来，新一代信息技术引发信息环境与数据基础的变革，计算机的计算能力不断增强，海量的图像、语音、文本等多模态、非结构化数据不断出现，新一代人工智能产品不断推出。第三次人工智能产业复苏与以往有本质不同：在大数据、深度学习算法和基于 GPU 的计算能力三大要素的共同推动下，人工智能第一次将实验室技术带进生产实践，呈现出产业步入成熟的特征。

2016 年，谷歌旗下的 DeepMind 公司开发的人工智能围棋智能程序 AlphaGo 在与围棋职业九段、世界冠军李世石的围棋人机大战中，以 4 比 1 完胜。自此，人工智能风靡全球，标志着人工智能技术发展达到了一个新的高度。人工智能开始走进行业，其研发在全球范围如火如荼，且不断走进人们的生活，真正的人工智能时代逐渐到来。人工智能的重点应用领域是电子商务、工业、交通、医疗和能源等领域。

人类历史上经历了四次工业革命，如图 1-5 所示。其中第一次工业革命以煤炭为基础，以蒸汽机和印刷术为标志；第二次工业革命以石油为基础，以内燃机和电信技术为标志；第三次工业革命以核能为基础，以互联网技术为标志；第四次工业革命以可再生能源为基础，正是以数据和内容作为"AI+时代"的核心为标志的。

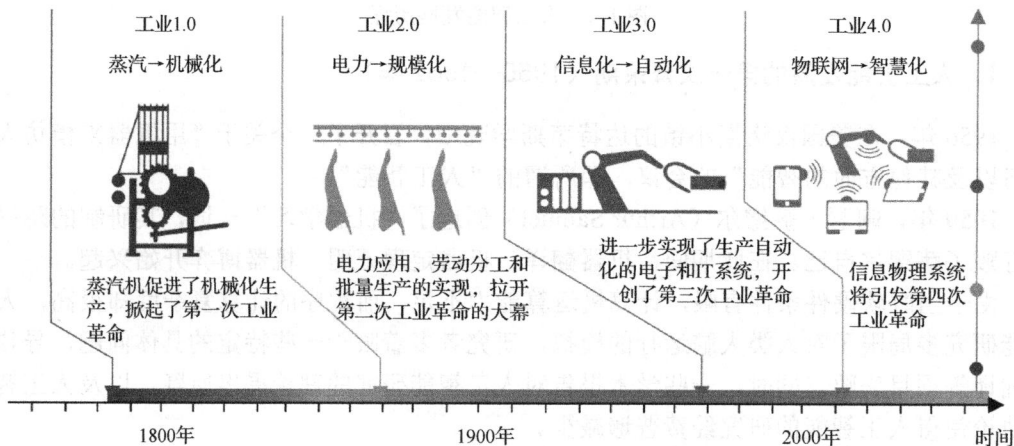

图 1-5　四次工业革命发展过程

1.3　人工智能三大要素

人工智能产业技术的三大基本要素是：算法、算力（计算能力）、数据（信息大数据），这三要素也是各大互联网巨头角力的三个方向。数据和算法可以分别比作人工智能的燃料和发动机，算力则是制约人工智能成"人"，还是成"神"的基础硬件，主要体现在具有高计算能力的芯片上。如果一个产业过往没有大量数据，人工智能就是无源之木；如果没有新的算法就代表它没有未来；如果没有足够的算力，即使有再好的算法，再多的数据都只是空中楼阁无法实现。

1．算法

人工智能发展到目前阶段所提到的算法一般指"机器学习"算法，尤其是"深度学习"算法层面。自从深度学习取得突破性进展，尤其是开源算法框架的诞生，给人工智能的发展提供了更多的可能。众多互联网巨头公司纷纷提出了自己的开源框架平台，这些开源平台可以获取数据，并以此反映市场应用场景的热度，从而掌握人工智能产业绝对的控制权和话语权。

2．算力

"AI+"时代大数据迎来爆发式增长，数据量的增长呈现指数型的爆发，在数据高速积累、算法不断优化与改进的同时，对算力（计算能力）也提出了更高要求。传统架构基础硬件的计算力已不能满足大量增长的多数据信息计算，更无法满足人工智能相关的高性能计算需求，超强算力兼具低能耗的芯片是我们步入"AI+"时代的前提，基于 CPU+GPU 的强大的多功能并行处理计算能力，成为当下人工智能必备的基本平台。2015 年以来，人工智能开始爆发，很大一部分原因是 GPU 的广泛应用，使得并行计算变得更快、更便宜、更有效。

3．数据

人工智能的应用主要体现在两个方面：预测和分类，预测的核心就是数据。人工智能需要从大量数据中进行学习，丰富的数据集是其中非常重要的因素，大量的数据积累给深度学习创造了更加丰富的数据训练集，是人工智能算法与深度学习训练必备的、良好的基础。像战胜李世石的 AlphaGo，其学习过程的核心数据是来自互联网的 3000 万例棋谱，而这些数据的积累是历经了十多年互联网行业的发展铸就的。可见，所有基于深度学习算法的人工智能，均需具备深厚的数据信息资源和专项数据积累，才能取得人工智能服务应用的突破性进展。离开了基础数据，机器的智慧仿生是不可能实现的。

根据中国信通院发布的《大数据白皮书（2019）》，到 2025 年全球数据量将达到 163ZB。根据 IDC 的统计数据，中国的数据产生量约占全球数据产生量的 23%。在互联网行业中素有"得数据者，得天下（行业应用）"的说法，丰富的数据资源为我国人工智能的快速发展奠定了强有力的基础。

1.4　人工智能与机器学习、深度学习

通俗地讲，人工智能是计算机技术发展到现今阶段，人们追求或正在实现的目标。机器学习是实现人工智能的手段，深度学习是实现机器学习的一种技术或方法，三者的关系如图 1-6 所示。

机器学习（Machine Learning，ML）是一门多领域交叉学科，涉及概率论、统计学、逼近论、凸分析、算法复杂度理论等多门学科，专门研究计算机怎样模拟或实现人类的学习行为，使机器获取新知识或技能，重新组织已有的知识结构使之不断改善自身的性能。

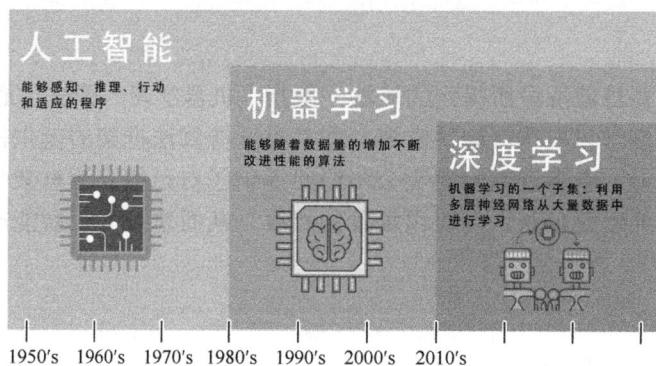

人工智能
能够感知、推理、行动
和适应的程序

机器学习
能够随着数据量的增加不断
改进性能的算法

深度学习
机器学习的一个子集：利用
多层神经网络从大量数据中
进行学习

1950's　1960's　1970's　1980's　1990's　2000's　2010's

图 1-6　人工智能、机器学习与深度学习的关系

机器学习最基本的做法，是使用算法来解析数据并从中学习，然后对真实世界中的事件做出决策和预测。与传统的为解决特定任务、硬编码的软件程序不同，机器学习是用大量的数据来"训练"，通过各种算法从数据中学习如何完成任务。机器学习最成功的应用是在计算机视觉领域。

举个简单的例子，"网购"已经成为人们日常生活中的主要购物方式之一，当需要某件商品时经常会利用搜索引擎或者网上商城进行查找和比对，最终选择物美价廉的商品。在网上查找、对比和购买的信息，以及上网行为或痕迹将会被互联网记录下来，这就构成了决策模型。之后你会发现，各大网络商城推荐给你的商品恰好是你最近比较关注或有意购买的。这正是"AI+"时代基于大数据的预测行为。

深度学习（Deep Learning，DL）是实现机器学习的一种核心技术。深度学习使得机器学习能够实现众多的应用，并拓展了人工智能的应用领域。它被引入机器学习使机器学习更接近于最初的目标——人工智能。如今深度学习在计算机视觉、自然语言处理领域的应用远超过传统的机器学习方法。

1.5　人工智能技术体系层级

人工智能技术体系层级可以分成三层，具体包括了 AI 基础层、AI 技术层和 AI 应用层，如图 1-7 所示。其中 AI 基础层包括基于 GPU 硬件基础的计算能力，基于机器学习、深度学习的算法支撑、基于云计算的存储能力、基于海量数据的大数据技术；AI 技术层包括基于计算机感知与分析的计算机视觉技术，让机器能够理解与思考的自然语言处理技术，基于大数据的决策支持并具有一定交互能力的数据挖掘技术。人工智能技术体系旨在让机器能够感知与分析，能够理解与思考，能够决策与交互，这正是强人工智能努力的方向和希望达到的目的。人工智能应用层则涵盖了智能制造、智慧物流、电子商务、智慧交通、自动驾驶、智能安防等主流行业应用。在进行人工智能研究与探索的过程中要注重 AI 应用的安全与伦理问题，规避人工智能对人类的威胁和挑战。

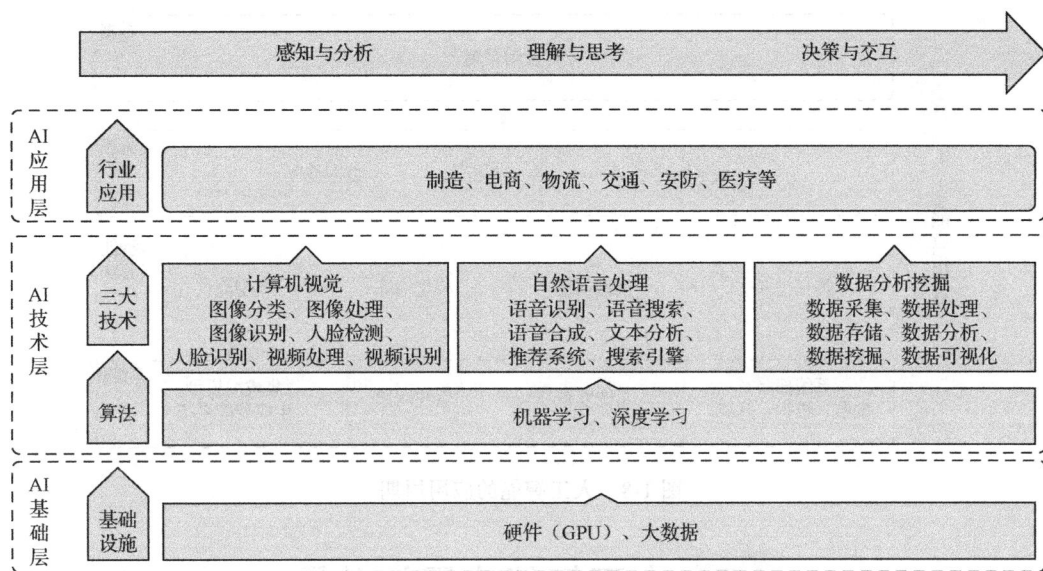

图 1-7　人工智能技术体系层级

1.6　人工智能应用开发

人工智能日渐繁荣发展，使得更多的人投入研究之中，并与很多学科相互渗透和交叉，产生了诸如智能制造、智慧物流等学科。人工智能技术研究与探索的对象是应用，作为职教本科的大学生，无论什么专业，都将涉及人工智能技术在本专业领域的应用。人工智能只有在实际场景中能够解决具体问题，才能真正产生相应的价值。因此，人工智能技术的落地和应用是整个人工智能研发的关键环节。人工智能的应用需要数据、场景与工程技术能力的紧密结合，从场景应用价值、技术标准建设、产品综合性能、安全与隐私等方面综合考虑。

人工智能以数据为根本，以计算为基础，通过人类设计的程序逻辑和软件无缝应用到不同的硬件之中，利用强大的计算和存储能力不断探索人类未知的领域。目前，人工智能已经可以胜任一些计算密集型、搜索型的任务，但相对于人的语义理解、归纳推理、智能决策还存在很大差距。正因如此，人工智能需要在反复的训练中获得最重要的三项能力：学习能力、运用知识的能力和面对不确定问题的决策能力，并将在反复训练中得到的能力应用到计算机系统之中，解决生产生活中的某些问题。

人工智能的系统化是指，用户只需要告诉计算机要"做什么"，无须说明"怎么做"，计算机就可自动实现程序的设计。为此，我们需要研究出一套理论和方法，通过这套理论和方法就可以证明程序的正确性。人工智能的应用按照设计、开发与应用的周期可以分为：数据、人工、智能和系统化四个层级，如图 1-8 所示。

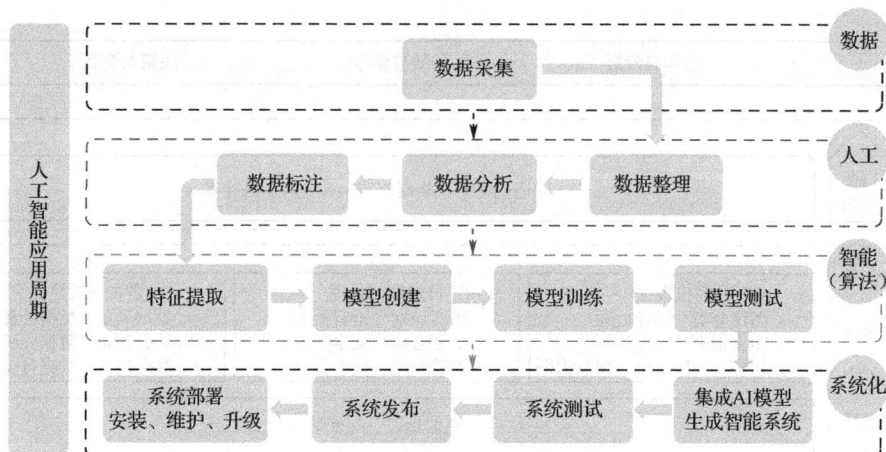

图 1-8　人工智能的应用周期

1.7 人工智能应用与前景

人工智能通过对人类的认知模式、思维方式和情感表达等进行模仿，以人的智能为基础学习扩展，使其在社会生活中有越来越广泛的应用，在一定程度上能够代替人的设计、生产和重复劳动等方面的工作，给人们的生活带来便利。随着数据科学、脑科学的发展和硬件计算能力的增强，人工智能的应用能力得到了极大的提升。未来人工智能领域的革命，将从碎片化向复杂化演进。

1. 机器人流程自动化

机器人流程自动化（Robotic Process Automation，RPA），是以软件机器人及人工智能为基础的业务过程自动化科技，如图 1-9 所示。

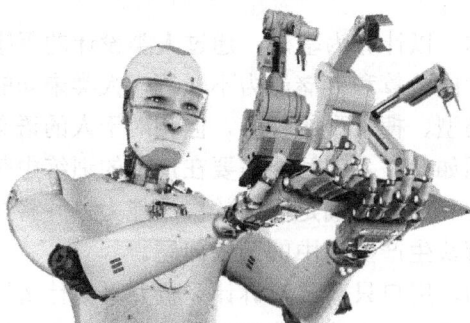

图 1-9　机器人流程自动化

在传统的工作流自动化技术工具中，先由程序员产生自动化任务的动作列表，并且用内部的应用程序接口（API）或专用的脚本语言作为和后台系统之间的交互的工具。机器人流程自动化会监视使用者在应用软件的图形用户界面（GUI）中所进行的工作，并且直接在 GUI 上自动重复这些工作，因此可以减少产品自动化的阻碍。

流程机器人软件的目标是使符合某些适用性标准的基于桌面的业务流程和工作流程实现自动化。

2. 生物识别

生物识别（Biometrics）技术是通过光学、声学、生物统计学原理与计算机和生物传感器等高科技手段密切结合，利用人体固有的生理特性和行为特征来进行个人身份的鉴定，如图 1-10 所示。

现今已经出现了许多生物识别技术，如指纹识别、手掌几何学识别、虹膜识别、视网膜识别、面部识别、签名识别、声音识别等，但其中一部分技术含量高的生物识别手段还处于实验阶段。随着科学技术的飞速进步，将有越来越多的生物识别技术被应用到实际生活中。

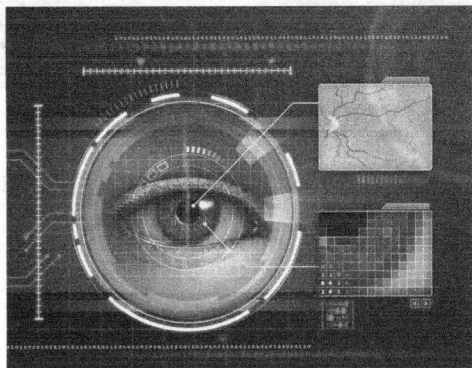

图 1-10　生物识别

3. 自然语言处理

自然语言处理（Natural Language Processing，NLP）也是一门计算机科学，是信息工程和人工智能的子领域，涉及计算机与人类（自然）语言之间的交互，特别是如何对计算机进行编程，以及处理和分析大量自然语言数据。自然语言处理中的挑战通常涉及语音识别、自然语言理解和自然语言生成。

语言是人与人之间沟通与交流的工具和桥梁，自然语言处理就是机器语言和人类语言之间沟通的桥梁，用来实现人机交流。机器也有自己的交流方式，那就是数字信息。自然语言处理就是希望机器像人一样，具备正常人的语言理解能力，如图 1-11 所示。

图 1-11　自然语言处理

4．增强现实

增强现实（Augmented Reality，AR）技术是一种将虚拟信息与真实世界巧妙融合的技术，运用了多媒体、三维建模、实时跟踪及注册、智能交互、传感等多种技术手段，将计算机生成的文字、图像、三维模型、音乐、视频等虚拟信息模拟仿真后，应用到真实世界中，两种信息互为补充，从而实现对真实世界的"增强"，如图 1-12 所示。

图 1-12　增强现实

随着 AR 技术的成熟，AR 被越来越多地应用于各个行业，如教育、培训、医疗、设计、广告等。

5．数字孪生

数字孪生（Digital Twin）是充分利用物理模型、传感器更新、运行历史等数据，集成多学科、多物理量、多尺度、多概率的仿真过程，在虚拟空间中完成映射，从而反映相对应的实体装备的全生命周期过程。数字孪生是一种超越现实的概念，可以将其视为一个或多个重要的、彼此依赖的装备系统的数字映射系统，如图 1-13 所示。

图 1-13　数字孪生

在智能制造领域最先使用数字孪生概念的是美国国家航空航天局（NASA）的阿波罗计划中。通过数字孪生对飞行中的空间飞行器进行仿真分析，监测和预测空间飞行器的飞行状态，辅助地面控制人员做出正确的决策。

6．量子计算

量子计算（Quantum Computing）是一种遵循量子力学规律调控量子信息单元进行计算的新型计算模式。对照于传统的通用计算机，其理论模型是用量子力学规律重新诠释的通用图灵机，如图 1-14 所示。

图 1-14　量子计算

研究人员认为，量子计算应该对传统的 AI 模型和算法产生直接影响，例如非监督学习和强化学习。降维算法是一种特殊情况。这些算法用于在更有限的空间中表示我们的原始数据，但保留了原始数据集的大多数属性。

量子人工智能研究人工智能与量子物理的交叉：一方面，量子计算可以加速解决一些复杂的人工智能问题；另一方面，人工智能里面的一些方法和技术也可以用于解决量子领域问题。

7．宇宙探索（Universe Exploration）

科学家们使用人工智能技术来扫描现有的宇宙数据，发现了许多尚未被发现的探测结果，比如发现了 72 个来自同一个地方的快速射电暴。人工智能技术通过 400TB 字节的数据来探测射电暴，去寻找其特征，然后试着在数据集里发现它们，其观察速度远超人类，如图 1-15 所示。

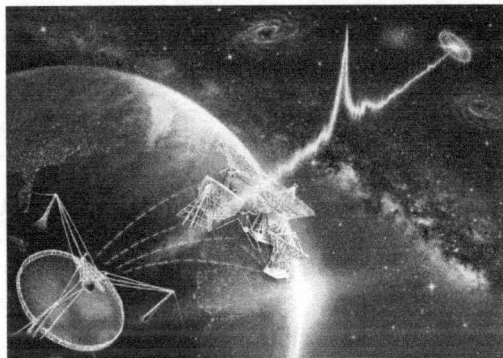

图 1-15　宇宙探索

英国天文学家皮特·沃顿说："并不是所有的发现都来自新的观察。我们把智能的和最初的方案都应用于现有的数据集中，在这种情况下，人工智能技术使我们对天文学中最诱人的奥秘之一有了深入的了解。"

1.8 小结

人工智能已经在不知不觉间悄然而至，等我们发现的时候，它已经渗透到了我们生活的方方面面，甚至影响着整个世界。人工智能的未来有无限种可能，它的未来也在改变着人类的未来。在前三次的工业技术革命时代中，人要去学习和适应机器，但是在人工智能时代，是机器主动学习和适应人类。机器主动学习和适应人类，是"机器学习"的本质之一，它从人类的大量的行为数据中寻找规律，然后根据人的不同的兴趣和特点，来提供不同的服务。

人工智能的应用是推动人类进步的因素之一，它会极大地提高工作效率。虽然智能革命的过程会轰轰烈烈，但是它的成果将会像一条平缓宽广的河流一样平静地围绕着我们，彻底改变人类政治、经济、社会和生活的状态。未来的我们，会无所察觉地享用着人工智能带来的机会和便利！

1.9 习题

一、填空题

1．被称为"人工智能元年"的是＿＿＿＿＿年，＿＿＿＿＿被称为人工智能之父。
2．人工智能以＿＿＿＿＿为根本，以＿＿＿＿＿为基础，通过人类设计的＿＿＿＿＿和＿＿＿＿＿无缝应用到不同的硬件之中。
3．人工智能产业技术的三大基本要素是：＿＿＿＿＿＿＿＿＿、＿＿＿＿＿＿＿＿＿、＿＿＿＿＿＿＿＿＿。

二、简答题

1．什么是人工智能？
2．人工智能几经波折终得发展的原因是什么？
3．简述人工智能的技术层级。
4．未来人工智能的发展趋势有哪些？
5．机器学习与深度学习的关系是什么？
6．（开放题）你认为人工智能的发展会对人类产生威胁吗？为什么？如存在威胁应如何规避？

第2章 人工智能"智"从何来

人工智能是研究、开发用于模拟、扩展人的智能的一门新的技术，由人工智能理论、方法、技术及应用系统等几部分组成。它是在计算机、控制论、信息论、数学、心理学等多种学科相互融合的基础上发展起来的一门交叉学科。众所周知，数据、算法和算力是人工智能发展的三个重要基础，其中数据正是智能之源，是人工智能的"灵魂"，因此大数据本身就与人工智能存在紧密的联系。正是基于大数据技术的发展，目前人工智能技术才在落地应用方面取得了诸多突破。

章节学习目标

☑ 了解人工智能的机理；

☑ 了解人工智能与大数据技术的密切关系；

☑ 熟悉大数据的常用关键技术；

☑ 了解大数据的企业、行业应用；

☑ 了解人工智能与大数据的结合与应用。

2.1 人工智能机理

人工智能是研究使用机器模拟人的智能（如感知、学习、认知、推理、决策、交互等）的理论、方法、技术和应用的一门科学。人工智能研究的领域包括语言识别、计算机视觉、自然语言处理和专家系统等。人工智能根据智能程度可以划分为两类：弱人工智能，机器是无意识的，只专注于一个具体任务；强人工智能，机器具有将智能用于处理任何问题的能力，是人工智能研究的主要目标。目前的科研工作主要集中在弱人工智能部分，弱人工智能的"智能"实现的主要途径是机器学习。机器学习是实现人工智能的一类方法，其基本过程是使用大量历史数据来"训练"模型，从历史数据中自动分析、学习规律获得模型，然后使用模型对未知数据做出分类和预测。深度学习是一种实现机器学习的技术，其学习过程是"训练"深度神经网络模型。目前深度学习在计算机视觉、自然语言处理领域的应用远远超过了传统的机器学习方法。

2.2 人工智能之源——"数据"

近年来，随着各行各业的信息化浪潮以及移动互联网和传感器数据的出现，数据获取和积累取得了长足的进步。伴随着云计算、大数据、物联网、人工智能等信息技术的快速发展和传统产业的数字化转型，数据量呈现几何级增长。海量的训练数据是人工智能发展的重要燃料，数据的规模和丰富度对算法训练尤为重要，尤其促使一些直接依赖于数据的人工智能方法（如统计学习、深度学习等）取得了巨大的突破，成为近年来人工智能研究掀起新浪潮的主要推动力。

根据市场研究资料显示,全球数据总量将从 2016 年的 16.1ZB 增长到 2025 年的 163ZB（约合 180 万亿 GB），十年内将有 10 倍的增长，复合增长率为 26%。这些数据中，约 80% 是非结构化或半结构化类型的数据，甚至有一部分是不断变化的流数据。因此，数据的爆炸性增长态势，以及其数据构成特点使得人们进入了"大数据"时代。

如今，大数据已经被赋予多重战略含义。在资源的角度，数据被视为"未来的石油"，被作为战略性资产进行管理；在国家治理角度，大数据被用来提升治理效率，重构治理模式，破解治理难题；在经济增长角度，大数据是全球经济低迷环境下，尤其是疫情期间的产业亮点，是战略新兴产业中最活跃的部分；在国家安全角度，全球数据空间没有国界边疆，大数据已成为大国之间博弈和较量的利器。

数据中蕴含的价值，需要通过计算来获取，大数据计算就是对数据进行计算获取价值的过程。大数据的 4V 特征（规模庞大 Volume、种类繁多 Variety、变化频繁 Velocity 和价值巨大但价值密度低 Value），就是数据处理过程中的直接挑战。应对规模性，一个思路是"分而治之"，当存储和计算的能力超出一台计算机的极限时，人们自然想到使用分布式系统进行数据的存储和计算；另一个思路是充分利用数据自身的特征，"变蛮算为巧算"。由此，大数据计算可归纳为"近似处理、增量计算、多源归纳"三个计算属性。大数据数量庞大，但合理的采样仍然具有意义，因为在大数据的计算中，有些计算任务允许计算精度在一定范围内波动，对单一数据项和分析算法的精确性要求就不再苛刻，可以牺牲部分精确性来换取计算量的减少；大数据种类繁多，变化频繁，考虑到相对于大量的存量数据，增量数据的规模要小很多，如果能在上次计算结果的基础上，只通过对更新数据的计算，合并推算出新的计算结构，就可以避免大量的计算；大数据研究不同于传统的逻辑推理研究，针对一个问题，往往不只是在一个确定的数据集上开展研究，而是对数量巨大的数据做统计分析和归纳，因此对多源异构大数据的处理不仅需要还原方法，还需要自底向上的归纳方法，通过关联关系补充因果关系的不足，实现多源数据和多种计算方法的有效融合。

2.3　人工智能与大数据技术

在近年来各类比拼眼力、智商的"人机大战"中，如 2015 年图像对象识别 ImageNet 竞赛中计算机算法以 95.16% 的准确率超越人眼的辨识能力，2016 年 AlphaGo 完胜人类围棋大师，2017 年 CMU 的 Libratus 在德州扑克大赛中战胜人类玩家，以及自动驾驶技术在实际道路应用中取得的突破，智能工业系统通过数据分析提升工业系统优良率、降低成本等，其中体现出来的强大的"机器智能"都与数据及数据的分析密切相关。

站在大数据的角度来看，大数据需要通过人工智能来完成数据价值化过程，尤其是数据分析过程。目前大数据分析有两种主要方式，一种是统计学方式，另一种是机器学习方式，而机器学习实际上也是人工智能主要研究的内容之一。所以，从大数据的角度来看，通过人工智能技术能够更全面和深入地完成数据价值化过程。

站在人工智能的角度来看，大数据是人工智能研发的重要基础。人工智能目前的研究方向包括计算机视觉、自然语言处理、机器学习（深度学习）、自动推理、知识表示和机器人学等，虽然不同的方向在具体的研究方式上有一定的区别，但是都离不开数据收集、数据整理、算法设计、算法训练等步骤。可以说，人工智能的核心是算法设计，但是人工智能的基础却是数据。

大数据和人工智能虽然关注点不同，但是却有密切的联系。一方面，人工智能需要大量的数据作为"思考"和"决策"的基础，这也就是数据是人工智能的"灵魂"说法的由来；另一方面，大数据也需要人工智能技术进行数据价值化操作，比如机器学习就是数据分析的常用方式。

2.4　大数据关键技术

大数据关键技术涵盖数据存储、处理、应用等多方面的技术，大数据的处理过程可分为大数据采集、大数据预处理、大数据存储与管理、大数据分析与挖掘、大数据展示等环节。

2.4.1　大数据采集技术

大数据采集是指从传感器和智能设备、企业在线系统、企业离线系统、社交网络和互联网平台等获取数据的过程。大数据的采集过程的主要特点和挑战是并发数高，因此需要在采集端部署大量数据库对其进行支撑，对这些数据进行负载均衡和分片。

针对不同的数据源，大数据的采集方法主要有以下几类。

1. 数据库采集

传统企业会使用传统的关系型数据库，如 MySQL、SQL Server 等来存储数据。随着大数据时代的到来，Redis、MongoDB 和 HBase 等 NoSQL 非关系型数据库也常被用于数据的采集。

2. 系统日志采集

系统日志采集主要是手机企业业务平台日常产生的大量日志数据，供离线和在线的大数据分析系统使用。目前使用最广泛的用于海量系统日志数据采集的工具有 Hadoop 的 Chukwa、Apache 的 Flume、Facebook 的 Scribe 和 LinkedIn 的 Kafka 等。这些工具均采用分布式架构，能满足每秒数百兆字节的日志数据采集和传输需求。

以 Flume 为例，Flume 是一个高可用的、高可靠的、分布式的海量日志数据采集、聚合和传输系统。Flume 支持在日志系统中定制各类数据发送方，用于收集数据，同时提供对数据进行简单处理并写到各种数据接收方（如文本、HDFS、HBase 等）的能力。Flume 的基本框架如图 2-1 所示。

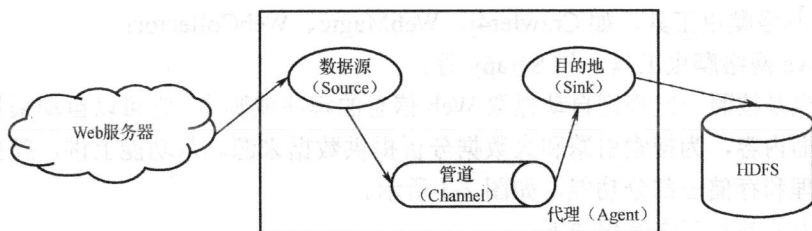

图 2-1　Flume 的基本框架

在使用 Flume 时，需要编写一个配置文件，用于对数据源、管道和目的地进行定义，并且指定数据源类型及属性、缓存数据的管道信息及数据采集目的地的属性。Flume 的数据流由事件（Event）贯穿始终，事件是对传输的数据进行封锁而得到的，是 Flume 传输数据的基本单位。当数据源捕获事件后会进行特定的格式化，然后数据源会把事件推入（单个或多个）管道中。管道可以看成一个缓冲区，它将保存事件直到目的地处理完该事件。目的地负责持久化日志或者把事件推向另一个数据源。

Flume 支持将事件分流成多个目的地进行存储，并且多个 Flume 的代理可以进行串联，如图 2-2 所示。

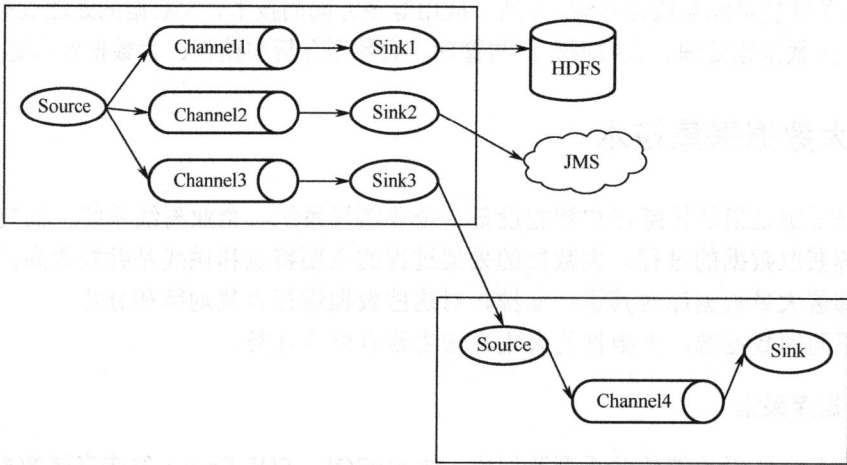

图 2-2　Flume 的分流及串联结构

Flume 的这些特性大大增加了其进行数据采集的灵活性，使其成为一种比较流行的数据采集工具。

3．网络数据采集

网络数据采集是指通过网络爬虫或网站公开 API 等方式从网站上获取数据信息。该方法可以将非结构化数据从网页中抽取出来，将其存储为统一的本地数据文件，并以结构化的方式进行存储。

在互联网时代，网络爬虫主要是为搜索引擎提供最全面和最新的数据。在大数据时代，网络爬虫更是从互联网上采集数据的有力工具。目前已知的网络爬虫工具众多，大致可分为以下三类。

- 分布式网络爬虫工具，如 Nutch；
- Java 网络爬虫工具，如 Crawler4j、WebMagic、WebCollector；
- 非 Java 网络爬虫工具，如 Scrapy 等。

网络爬虫是按照一定规则自动抓取 Web 信息的程序或脚本。它可以自动采集所有能够访问到的页面内容，为搜索引擎和大数据分析提供数据来源。从功能上讲，爬虫一般有数据采集、处理和存储三部分功能，如图 2-3 所示。

网络爬虫的基本工作流程如下。

① 首先选取一部分种子 URL。

② 将这些 URL 放入待抓取 URL 队列。

③ 从待抓取 URL 队列中取出待抓取 URL,解析 DNS,并且得到主机 IP 地址,将 URL 对应的网页下载下来,存储进已下载网页中。此外将这些 URL 放入已抓取 URL 队列。

④ 分析已抓取 URL 队列中的 URL,分析其中的其他 URL,并将 URL 放入待抓取 URL 队列,从而进入下一个循环。

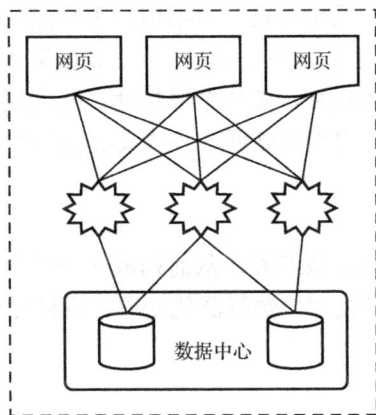

图 2-3 网络爬虫工作原理

4. 感知设备数据采集

感知设备数据采集是指通过传感器、摄像头和其他智能终端自动采集信号、图片或录像来获取数据。大数据智能感知系统需要实现对结构化、半结构化、非结构化的海量数据的智能化识别、定位、跟踪、接入、传输、信号转换、监控、初步处理和管理等。

2.4.2 大数据预处理

数据预处理负责将分散的、异构数据源中的数据,如关系数据、网络数据、日志数据、文件数据等抽取到临时中间层,然后进行清洗、转换、集成,最后加载到数据仓库或数据库中,成为通过数据分析、数据挖掘等方式提供决策支持的数据。数据预处理能够帮助改善数据的质量,进而帮助提高数据挖掘进程的有效性和准确性。

数据预处理主要包括数据清洗、数据集成、数据转换和数据消减。

1. 数据清洗

现实世界的数据常常是不完全的、有噪声的、不一致的,数据清洗过程包括遗漏数据处理、噪声数据处理,以及不一致数据处理等。在分析数据时,可能会发现某些记录中的某些属性为空,这时需要采用特定方法对这些遗漏数据进行填充,常见的方法有用默认值填充、均值填充、同类别均值填充,以及使用回归分析、贝叶斯计算公式或决策树等方式利用最可能的值进行填充。噪声是指被测变量的一个随机错误和变化,比如我们可以通过聚类分析方法发现异常数据,相似或邻近的数据聚合在一起形成了各个聚类集合,而位于聚类集合之外的数据则被认为是异常数据。现实世界的数据库还经常出现数据记录内容不一致的问题,其中的一些数据可以通过它们与外部的关联手工解决这些问题。另外,知识工程工具也可以帮助发现违反数据约束条件的情况。

2. 数据集成

数据处理常常涉及数据集成操作，即将来自多个数据源的数据结合在一起形成一个统一数据集合，以便为数据处理工作的顺利完成提供完整的数据基础。在数据集成的过程中，通常需要考虑解决模式集成问题、冗余问题、数据值冲突检测与消除问题。模式集成问题就是如何使来自多个数据源的实体相互匹配；冗余问题是数据集成中经常发生的另一个问题，若一个属性可以从其他属性中推演出来，那这个属性就是冗余属性；在现实世界中实体不同，数据源的属性值或许不同，人们也需要处理这些语义的差异为数据集成带来的诸多问题。

3. 数据转换

数据转换就是将数据进行转换或归并，从而构成一个适合数据处理的描述形式。数据转换常用的方法有平滑处理、合计处理、数据泛化处理、规格化处理、属性构造处理等。

4. 数据消减

对大规模数据进行复杂的数据分析通常需要消耗大量的时间，数据消减的主要目的是从原有巨大数据集中获得一个精简的数据集，并使这一精简数据集保持原有数据集的完整性，这样在精简数据集上进行数据挖掘就会效率更高，并能保证挖掘出来的结果与使用原有数据集所获得的结果基本相同。常见的数据消减策略有数据立方合并、维度消减、数据压缩、数据块消减、离散化与概念层次生成等。

2.4.3 大数据存储与管理

1. 大数据存储

从发展的历史看，数据库是数据管理的高级阶段，它是由文件管理系统发展而来的。在大数据时代，浩如烟海的数据中有很大一部分是无法用关系型数据库进行管理的非结构化数据，如音频、视频、各类图纸等。对于这类数据，目前通行的管理方式是采用文件系统存储原始数据外加数据库系统存储描述性数据的架构。由于这类文件类型数据个体体量巨大且数量增长快速，单台主机提供的文件系统无法提供足够的扩展性和处理能力，因此分布式文件系统获得了更多的青睐。

分布式文件系统建立在通过网络联系在一起的多台价格相对低廉的服务器上，将要存储的文件按照特定的策略划分成多个片段分散放置在系统中的多台服务器上。由于服务器之间的联系相对松散，当系统存储和处理能力不足时，可以通过增加服务器的数量来实现横向扩容而无须迁移整个系统中的数据。分布式文件系统在响应文件操作时，可以将操作分解成多台服务器的子操作，从而为客户端提供很好的并行度和性能。同时，分布式文件系统中的多台服务器之间形成了硬件上的冗余，很多分布式文件系统选择将同一数据块在多台服务器上重复存放，这也大大提升了系统的可靠性。

从分布式文件系统的用途来看，目前主流的分布式文件系统主要有两类。一类主要面向以大文件、块数据顺序读写为特点的数据分析业务的分布式文件系统，其代表是 Apache 旗下的 Hadoop 分布式文件系统（Hadoop Distributed File System，HDFS）；另一类主要服务于通用文件系统需求并支持标准的可移植操作系统接口（Portable Operating System Interface of UNIX，POSIX），其代表包括 Ceph 和 GlusterFS。

以 HDFS 为例，其架构图如图 2-4 所示。

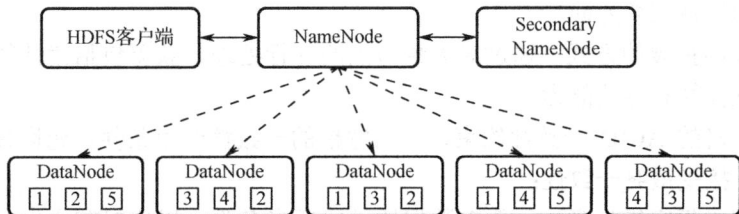

图 2-4　HDFS 架构图

该架构主要由四个部分组成，分别为 HDFS 客户端、主节点（NameNode）、数据节点（DataNode）和辅助主节点（Secondary NameNode）。下面我们分别介绍这 4 个组成部分。

（1）HDFS 客户端，其功能包括：

① 文件切分。文件上传 HDFS 的时候，客户端将文件切分成一个一个的 Block，然后进行存储；

② 与 NameNode 交互，获取文件的位置信息；

③ 与 DataNode 交互，读取或者写入数据；

④ 客户端提供一些命令来访问和管理 HDFS，比如启动或关闭 HDFS。

（2）NameNode。主节点是一个管理者，其功能包括：

① 管理 HDFS 的名称空间；

② 管理数据块映射信息；

③ 配置副本策略；

④ 处理客户端读写请求。

（3）DataNode。NameNode 下达命令，DataNode 执行实际的操作，其功能包括：

① 存储实际的数据块；

② 执行数据块的读/写操作。

（4）Secondary NameNode：并非 NameNode 的热备，而是辅助 NameNode 完成一定的功能，其功能包括：

① 辅助 NameNode，分担其工作量；

② 定期合并 FSimage 和 Edits，并推送给 NameNode；

③ 在紧急情况下，可辅助恢复 NameNode。

HDFS 中的文件在物理上是分块存储的，块的大小可以通过配置参数（dfs.blocksize）来规定，在 Hadoop 2.x 版本中默认大小是 128MB。每个块在进行存储时会使用副本机制，默认有 3 个副本，以保证数据的安全性和可靠性。HDFS 是一个高度容错性的系统，适合部署在廉价的服务器上。HDFS 能提供高吞吐量的数据访问，非常适合大规模数据集上的应用。

2．大数据管理

NoSQL（Not only SQL）数据库是对于非关系型的一类数据库系统的统称。关系数据库在管理键值对、文档、图等类型的数据上有所不足，NoSQL 则是针对这些类型的数据的存储和访问特点而专门设计的数据库管理系统。近年来，随着大数据应用的不断拓展，NoSQL 数据库系统得到了越来越广泛的应用。

NoSQL 数据库通过采取一些新的设计原则，利用大规模计算机集群实现对大数据的有效管理，这些原则包括三个方面。

（1）采用横向扩展的方式，通过对大量节点的并行处理，获得包括读性能和写性能在内的极高数据处理性能和吞吐能力。

（2）放弃严格的 ACID 一致性约束，采用宽松的一致性约束条件，允许数据出现暂时不一致的情况，并接受最终一致性；

（3）对数据进行容错处理，一般对数据块进行适当备份，以应对节点失败状况，保证在普适服务器组成的集群上稳定、可靠地运行。

2.4.4　大数据分析与挖掘

在如今的大数据时代，数据在社会中扮演着重要的角色。然而数据通常并不能直接被人们所利用，如何从大量看似杂乱无章的数据中揭示其中隐含的内在规律、发掘有用的知识，以指导人们进行科学的推断与决策，就需要对这些纷繁复杂的数据进行分析。

比如微博上某话题引发了千万级别的评论与转发，到底是哪些人对该话题感兴趣呢？为了形象直观地了解关注者群体的年龄、性别比例、职业等，需要对数据进行数据描述性分析，平均数、中位数、分位数、方差等统计学指标可以帮助我们粗略了解数据分布，峰度、偏度等则描述了更细致的数据特征。这些能够概括数据位置特性，分散性、关联性等特征，以及能够反映数据整体分布特征的分析方法，称为数据描述性分析。

简单的统计分析可以帮助人们了解数据，如果希望对大数据进行逐个地、更深层次地探索，总结出规律和模型，则需要更加智能的、基于机器学习的数据分析方法。所谓的"机器学习"，就是基于数据本身的，自动构建解决问题的规则与方法。

常用的机器学习方法又分为非监督学习方法和监督学习方法。非监督学习方法是建立在没有数据标签，即所属的类别都是未知的情况下使用的。如果有很多数据，现在要把这些数据按照它们的相关程度分成很多类，我们就可以认为特征控件中距离较近的向量之间也较为相关。如果两个数据之间有很多相似的特征，它们相关的程度就较大。但是，一个类内可能有很多的元素，倘若一个元素只和其中某些元素比较接近，和另一些元素则相距较远，此时就希望每一类有一个"中心"。"中心"也是特征向量空间中的向量，是所有那一类的元素在向量空间上的中心，即它的每一维为所有包含在这一类中的元素的平均值。如果每一类都有这么一个"中心"，那么在分类数据时，只需要看其离哪个"中心"的距离更近，就可将其分到该类，这就是 K-means 算法的思路。

不同于非监督类学习方法，若已经知道了一些数据上的真实分类情况，现在要对新的未知数据进行分类，这时利用已知的分类信息，就可以得到一些更精确的分类方法，这就是监督学习的方法。

2.4.5　大数据展示

　　数据可视化是指通过将数据转化为图形图像并提供交互，以帮助用户更有效地完成数据的分析、理解等任务。数据可视化的方式和数据内容是密切相关的，不同的数据类型，决定了数据内部之间的依存关系，也决定了需要不同的可视化映射方法。

　　可视化映射可以分为两部分：视觉标记和视觉通道。视觉标记是表现数据项或关系的视觉元素；视觉通道，又称为视觉变量，可根据属性值控制视觉元素的外观。映射数据项的视觉标记包括点、线、形状，以及不常使用的映射数据项的视觉标记，包括点、线、面、体。视觉通道包括适合映射序数型或数值型数据的大小通道和适合类别型数据的身份通道，前者包括位置、大小、角度、深度、颜色亮度、饱和度和曲率等；后者包括区域、色调、运动、形状等。

　　以可视化工具 ECHARTS 简单举例，我们可以将数据分析结果用各种图表的形式表现出来，从而一目了然地了解数据之间的关系，帮助人们揭示数据背后潜在的规律，如图 2-5 所示。

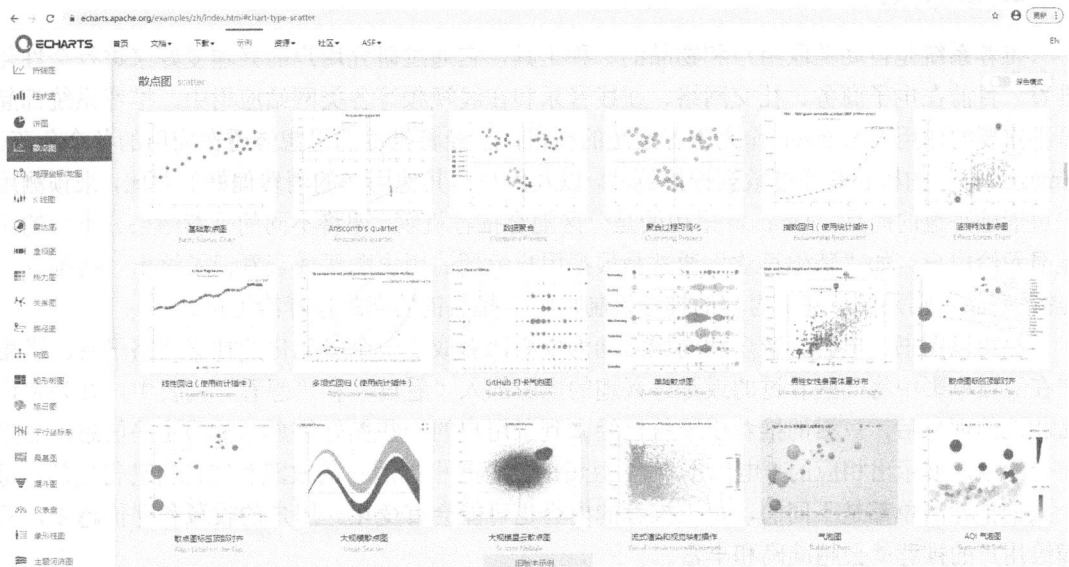

图 2-5　ECHARTS 官网图例

2.5　大数据的企业、行业应用

　　随着大数据时代的到来，大数据技术的应用场景越来越多，从市场营销到产品设计，从市场预测到决策支持，从效能提升到运营管理，大数据技术应用领域已经从早期的互联网公司开始走向传统企业。

2.5.1　大数据的企业应用

　　在大数据时代到来之前，企业营销只能利用传统的营销数据，包括客户关系管理系统中的客户信息、广告效果、展览等一些线下活动的效果。大数据时代的企业营销可以借助大数据技术将新类型的数据，如使用网站的数据、地理位置的数据、邮件数据、社交媒体数据等与传统数据进行整合，从而更全面地了解消费者的信息，对顾客群体进行细分，进行精准营销。

1．实时竞价

在大数据的背景下，百度等互联网公司掌握了大量的调研对象的数据资源，这些用户的前后行为被精准地关联起来。实时竞价（Real Time Bidding，RTB）智能投放系统的操作过程是当用户发出浏览网页请求时，该请求信息会在数据库中进行比对，系统通过推测来访者的身份和偏好，将信息发送到后方需求平台，然后由广告商进行竞价，出价最高的企业可以把自己的广告瞬间推送到用户的页面上。RTB 运用 Cookie 技术记录用户的网络浏览痕迹和 IP地址，并运用大数据技术对海量数据进行甄别分析，得出用户的需求信息，向用户展现相应的推广内容。

2．推荐系统

推荐系统是自动关联用户和物品的一种工具，它通过研究用户的兴趣爱好来进行个性化推荐。目前在电子商务、社交网络、在线音乐和在线视频等各类网站应用中，推荐系统都起着很重要的作用。Amazon 作为推荐系统的鼻祖，已经将推荐的思想渗透在应用的各个角落。Amazon 推荐的核心是通过数据挖掘算法，以及用户与其他用户的消费偏好的对比，来预测用户可能感兴趣的商品。Amazon 采用的是分区混合推荐机制，即将不同的推荐结果分不同的区域显示给用户，如"猜你喜欢"通常是根据用户近期的历史购买或查看记录给出一些推荐；"热销商品"则采用了基于内容的推荐机制，将一些热销的商品推荐给用户。

豆瓣以图书、电影、音乐和同城活动为中心，形成了一个多元化的社交网络平台。当用户在豆瓣电影中将一些看过的或是感兴趣的电影加入"看过"和"想看"列表中，并为它们做相应的评分后，豆瓣的推荐引擎就已经拿到了用户的一些偏好信息。基于这些信息，豆瓣将会给用户展示出相应的"电影推荐"。豆瓣的推荐是根据用户的收藏和评价自动得出的，每个人的推荐清单都是不同的，每天推荐的内容也可能会有变化。用户的收藏和评价越多，豆瓣给用户的推荐就会越准确和丰富。

3．大数据预测

预测是大数据最核心的应用之一，它将传统意义的预测拓展到"现测"。大数据预测的优势体现在，它可以把一个非常困难的预测问题，转化为一个相对简单的描述问题，而这是传统小数据集根本无法企及的。2014 年世界杯比赛期间，Google、百度、微软和高盛等公司都推出了比赛结果预测平台。百度的预测结果最为亮眼，全程 64 场比赛的预测准确率为 67%，进入淘汰赛后准确率为 94%。Google 世界杯预测是基于 Opta Sports 的海量赛事数据来构建最终的预测模型的。百度则是通过搜索过去 5 年内全世界 987 支球队（包括国家队和俱乐部队）的 3.7 万场比赛数据，同时与中国彩票网站乐彩网、欧洲必发指数数据供应商 SPdex 进行数据合作，导入博彩市场的预测数据，建立了一个囊括 199972 名球员和 1.12 亿条数据的预测模型，并在此基础上进行结果预测。

大数据的预测遍及各个领域，其中疾病预测是指基于人们的搜索情况、购物行为预测大面积疫情暴发的可能性，最经典的"流感预测"便属于此类。如果来自某个区域的"流感""板蓝根"搜索需求越来越多，自然可以推测该处有流感趋势。百度已经推出了疾病预测产品，目前可就流感、肝炎、肺结核、性病这四种疾病，对全国每一个省份以及大多数地级市和区县的活跃度、趋势图等情况进行全面的监控。利用大数据预测可能的灾难，利用大数据分析疾病可能的引发原因并找出治疗方法，都是未来能够惠及人类的事业。

2.5.2　大数据的行业应用

大数据技术已经逐渐渗透到各个行业，不同行业的大数据应用进程的速度与行业的信息化水平、行业与消费者的距离、行业的数据拥有程度有着密切的关系。

互联网行业是离消费者"距离"最近的行业，同时拥有大量实时产生的数据，业务数据化是其企业运营的基本要素，因此，互联网行业的大数据应用的程度是最高的。与互联网行业相伴的营销行业，是围绕着互联网用户行为分析，以为消费者提供个性化营销服务为主要目标的行业。以阿里巴巴为例，它不仅在不断加强个性化推荐、"千人千面"这种面向消费者的大数据应用，并且还在尝试利用大数据进行智能客户服务，这种应用场景会逐渐从内部应用延展到外部很多企业的呼叫中心之中。

金融、电信等行业较早地进行信息化建设，内部业务系统的信息化相对比较完善，对内部数据有大量的历史积累，并且有一些深层次的分析类应用，目前正处于将内外部数据结合起来共同为业务服务的阶段。典型的应用案例有花旗银行利用 IBM 沃森计算机为财富管理客户推荐产品，并预测未来计算机推荐理财的市场将超过银行专业理财师；摩根大通银行利用决策树技术，降低了不良贷款率，转化了提前还款客户，一年内为摩根大通银行增加了 6 亿美元的利润。

政府及公用事业行业不同部门的信息化程度和数据化程度差异较大。例如，交通行业目前已经有了不少大数据应用案例，但有些行业还处在数据采集和积累阶段。政府将会是未来整个大数据产业快速发展的关键，通过政府及公用数据开放可以使政府数据在线化走得更快，从而激发大数据应用的大发展。

制造业、物流、医疗、农业等行业的大数据应用水平还处在初级阶段，但未来消费者驱动的 C2B 模式会倒逼着这些行业的大数据应用进程逐步加快。

2.6　人工智能与大数据的结合与应用

大数据是人工智能的基石，机器视觉和深度学习主要是建立在大数据的基础上的，即对大数据进行训练，并从中归纳出可以被计算机运用在类似数据上的知识或规律。大数据生态里面包含了众多人工智能内容，数据科学、机器学习、人工智能成为大数据发挥价值的关键。"AI 安防"是利用人工智能对视频、图像进行检索、分析，从中识别安全隐患并对其进行处理的"黑科技"。"AI 安防"与传统安防的最大区别在于智能化，传统安防对人的依赖性比较强，非常耗费人力；而"AI 安防"能够通过机器视觉对传感图像进行智能研判，从而实现真正意义上的安全监控和事前预防。

人工智能在交通大数据上的应用，主要分为三个场景：交通拥堵、智慧出行和交通管控。治理交通拥堵，是城市发展的第一难题。目前，我国交通电子眼的数量居全球之首，但许多视频数据得不到有效利用，许多有价值的视频数据往往被忽略和浪费了。因此，杭州市政府在2016年云栖大会上公布，将为杭州安装一个人工智能中枢——杭州城市数据大脑。这个项目由阿里云、富士康、海康威视、大华股份等13家企业的顶尖人工智能科学家联合完成。"城市数据大脑"交通应用场景的初期目标是通过分析车辆视频数据，来实时调整路口的红绿灯时长。简单来说，工程师们首先需要将视频信息转变为数据，并统一这些数据的格式，从而用数字化的结构重现实际的交通环境。之后，在这个虚拟的"数字城市"里，模拟不同的交通状况进行数字建模，通过大量运算得出红绿灯时长的优化方案，最终同步到真实的路口。"城市数据大脑"的内核采用阿里云ET人工智能技术，它可以让数据帮助城市来做思考和决策。在此后进行的杭州萧山区部分路段的初步试验中，通过智能调节红绿灯，车辆通行速度最高提升了11%。

如今，人工智能已经在不断为人类创造商业价值和社会价值，但其本身蕴藏的潜力在大数据的帮助下，还有更深的挖掘空间。

2.7 小结

人工智能是新一轮产业变革的核心驱动力，在未来很长时间内，在强大的社会需求和市场因素的促进下，人工智能将会进一步地朝着服务于人类的方向发展，并呈现出如下发展趋势。

（1）人工智能产业升级的驱动力源于人工智能核心技术的全面突破。随着计算机算力的提升和算法的优化，人工智能的核心技术，如计算机视觉、自然语言处理等，将向更深、更广的方向发展。也就是说，人工智能的理解能力将不断提高。

（2）随着物联网建设进程的加快，在制造、家居、金融、交通、教育、安防、医疗、物流等领域对人工智能技术和产品的需求将进一步得到释放，相关智能产品的种类和形态将越来越丰富，且呈现出个性化发展，如智能服装、智能家电、智能汽车等产品和服务。

（3）近些年随着大量数据的积累，各行各业都具备了与人工智能技术相结合并深入发展的基础。人工智能的低成本投入、高精确度、易管理等特点，能够大幅度地提高生产力，使得许多行业成为有发展潜力的行业领域。

如同蒸汽时代的蒸汽机、电气时代的发电机、信息时代的计算机和互联网，人工智能正成为推动人类进入智能时代的决定性力量。

2.8 习题

一、选择题

1. 人工智能的目的是让机器能够（　　），以实现某些脑力劳动的机械化。

    A．模拟、延伸和扩展人的智能   B．具有完全的智能

    C．完全替代人   D．和人脑一样考虑问题

2．人工智能研究的最重要、最广泛的两大领域是（　　　）。

A．专家系统　自动规划　　　　　B．专家系统　机器学习

C．机器学习　自动规划　　　　　D．机器学习　自然语言理解

3．要想让机器具有智能，必须让机器具有知识。因此，在人工智能中有一个研究领域，主要研究计算机如何自动获取知识和技能，实现自我完善，这门研究分支科学叫（　　　）。

A．专家系统　　　B．机器学习　　　C．神经网络　　　　D．编译原理

4．大数据技术目前在以下哪个领域运用得最为广泛（　　　）。

A．金融　　　　　B．电信　　　　　C．互联网　　　　　D．公共管理

5．下列关于大数据的分析理念的说法中，错误的是（　　　）。

A．在数据基础上倾向于全体数据而不是抽样数据

B．在分析方法上更注重相关分析而不是因果分析

C．在分析效果上更追究效率而不是绝对精确

D．在数据规模上强调相对数据而不是绝对数据

6．大数据时代，数据使用的关键是（　　　）

A．数据收集　　　B．数据存储　　　C．数据分析　　　D．数据再利用

7．当前，大数据产业发展的特点是（　　　）。（多选题）

A．规模较大　　　B．规模较小　　　C．增速很快

D．增速缓慢　　　E．多产业交叉融合

8．下列关于基于大数据的营销模式和传统营销模式的说法中，错误的是（　　　）。（多选题）

A．传统营销模式比基于大数据的营销模式投入更小

B．传统营销模式比基于大数据的营销模式针对性更强

C．传统营销模式比基于大数据的营销模式转化率低

D．基于大数据的营销模式比传统营销模式实时性更强

E．基于大数据的营销模式比传统营销模式精准性更强

二、填空题

1．大数据的 4V 特征是指规模庞大 Volume、＿＿＿＿＿＿、＿＿＿＿＿＿和价值巨大但价值密度低 Value。

2．人工智能的核心是算法设计，但是人工智能的基础却是＿＿＿＿＿＿＿＿＿＿＿。

3．大数据采集方法有以下几类：数据库采集、＿＿＿＿＿＿、＿＿＿＿＿＿、＿＿＿＿＿＿。

4．数据预处理主要包括数据清洗、＿＿＿＿＿＿、＿＿＿＿＿＿和数据消减。

5．常用的机器学习方法分为＿＿＿＿＿＿和＿＿＿＿＿＿。

三、简答题

1．简单描述一下"人工智能"的概念，以及现在流行的应用领域？

2．简单描述一下网络爬虫的工作流程？

3．简单描述一下 NoSQL 数据库的设计原则？

4．大数据的处理过程包括哪些方面的关键技术？

5．大数据和人工智能的关系是怎样的？

第3章 人工智能与 Python

人工智能的核心算法是使用 C/C++语言实现的，但 C/C++语言的学习成本较高，不适合非计算机底层开发从业者开发使用。Python 是一种面向对象的开发语言，具有丰富和强大的库，可以方便地调用 C/C++库来完成底层操作。Python 语言的学习成本较低，较为容易上手。另外，主流的人工智能学习框架 TensorFlow 很好地支持了 Python 语言。因此，本书选择 Python 语言作为人工智能基础与应用的主要语言。

章节学习目标

☑ 掌握 Python 环境的搭建；
☑ 熟悉 Python 的基本语法；
☑ 了解 Python 的相关函数；
☑ 理解 Python 爬虫的原理；
☑ 了解基于 Python 的数据整理、清洗与可视化。

3.1 人工智能语言 Python

随着云计算、大数据的不断发展，运算能力的日趋增强，人工智能的热度越来越高，Python 成为一个高频出现的词汇。"人生苦短，我用 Python！"成为 IT 从业者的口头禅，并逐渐替代程序界的高频词汇"Hello World！"，甚至很多资料将 Python 称为人工智能第一语言。有初学者认为人工智能和 Python 是画等号的，其实这是不严谨的。

严格意义上讲，人工智能是通过嵌入式技术把程序写入机器中使其实现智能化，因此人工智能的核心算法是使用 C/C++语言实现的，因为人工智能的算法是计算密集型，需要非常精细的优化，还需要 GPU、专用硬件之类的接口，这些都只有 C/C++语言能做到，所以某种意义上 C/C++语言才是人工智能领域最重要的语言。

C/C++语言的语法较为复杂，新手上手慢，编程效率较低，这就需要一个 C/C++语言的跨语言接口，而 Python 很好地起到了这种桥梁作用。Python 是一种动态的、解释型的、面向对象的计算机程序设计语言，类似于 Java、PHP 等编程语言，学习门槛非常低。随着版本的不断更新和语言新功能的添加，Python 被越来越多地用于独立的、大型项目的开发。Python 本身具有丰富和强大的库，可以轻松地使用 C、C++、Cython 语言来编写扩充模块，所以很多人称它为"胶水语言"。举个例子，使用 Python 调用 C/C++库完成对硬件底层的操作，就像使用 Word/Excel 中的计算公式一样，我们要实现求和或求平均数的功能，无须自己编写，而是调用软件中已经存在的模块，来实现函数的功能。

深度学习经典框架 TensorFlow 较好地支持 Python 语言，同时还支持 JavaScript、C++、Java、GO 等语言。但 TensorFlow 官方声明，对除 Python 之外的语言，不一定承诺 API 的稳定性，这就造成了提起深度学习人们直接想到的就是基于 TensorFlow 框架下的 Python 语言。

3.2　Python 开发环境的搭建

学习 Python 语言，安装 Python 程序并搭建其开发环境是第一步。本节将介绍下载与安装 Python、安装与搭建 Python 的可视化集成开发环境 PyCharm 的方法。

3.2.1　安装 Python

步骤 1：在浏览器中打开 Python 官网 http://www.python.org/，单击"Downloads"→"Windows"按钮，如图 3-1 所示。

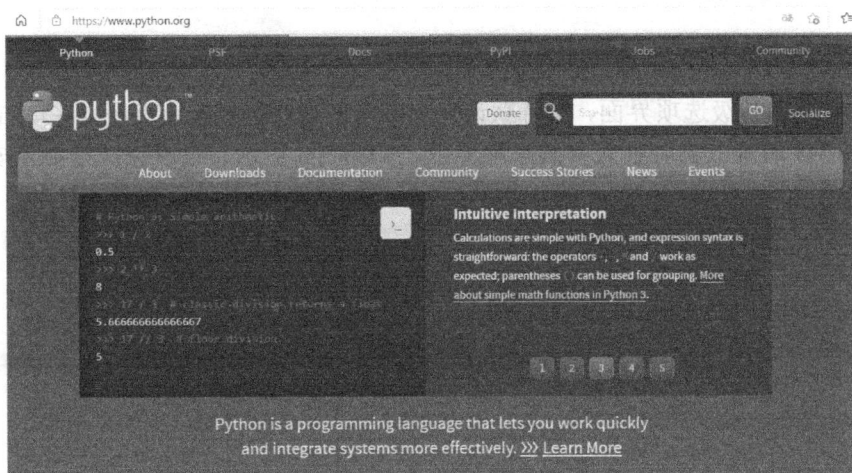

图 3-1　Python 官网

步骤 2：进入 Windows 版本下载界面后，有不同的版本可供选择，这里下载 Python 3.7.6 executable（可执行版），单击 Download Windows x86-64 executable installer 链接进行下载，如图 3-2 所示。

图 3-2　下载界面

步骤 3：下载的安装文件名为 python-3.7.6-amd64.ext，双击该文件进行安装。进入安装欢迎界面，如图 3-3 所示。图 3-3 提示有两种安装方式，第一种为默认安装，第二种为自定义安装，本书选择第二种。需要注意的是，最下面有个选项 Add Python 3.7 to PATH，建议勾选，后续可省略配置环境变量的步骤，否则需要手动配置环境变量。

步骤 4：选择自定义安装，进入 Optional Features 界面，如图 3-4 所示的安装可选项界面，这里保持默认选择，直接单击"Next"按钮。

图 3-3　安装欢迎界面

图 3-4　安装可选项界面

步骤 5：进入高级选项界面，保持默认选择。这里需要选择安装路径，并单击"Install"按钮，如图 3-5 所示。其后进入安装进度界面，如图 3-6 所示，进度完成则显示安装成功。

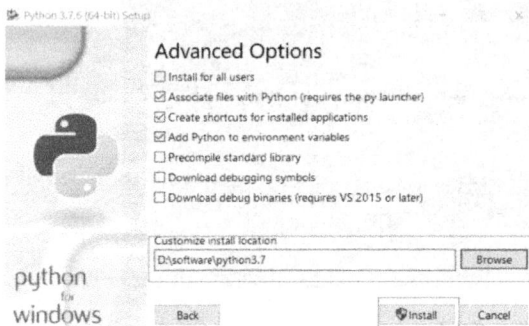

图 3-5　高级选项界面

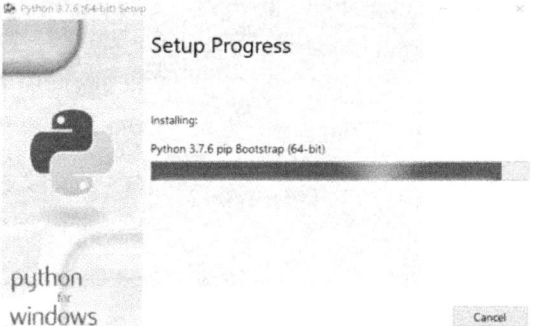

图 3-6　安装进度界面

步骤 6：安装完成后进行测试，在计算机桌面左下角 ⊞ 处右击，选择运行命令，输入"cmd"，并按回车键，在出现的界面中输入"python"并按回车键，显示出版本信息说明安装成功，如图 3-7 所示。

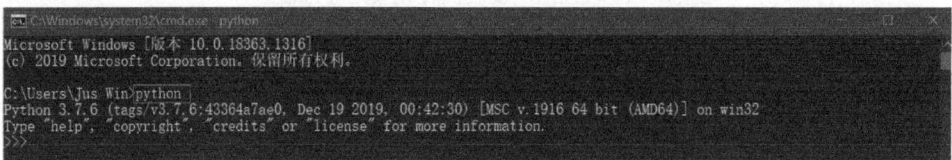

图 3-7　安装成功

3.2.2　安装 PyCharm 集成开发环境

步骤 1：在浏览器中打开 PyCharm 官网 https://www.jetbrains.com/zh-cn/pycharm/，单击"下载"按钮进入下载界面，如图 3-8 所示。PyCharm 分为专业版、社区版和教育版，功能最全面的当属专业版，只有学生或教师可以申请免费使用许可，其他人士则需要付费使用。

申请专业版免费教育许可证的网址：https://www.jetbrains.com/zh-cn/community/education/#students。下面以专业版为例介绍安装方法。

图 3-8　PyCharm 官网

步骤 2：进入下载界面，如图 3-9 所示，单击"Windows"→"Professional"→"Download"按钮。下载的安装文件名为 pycharm-professional-2021.1.1.exe，双击该文件进行安装，进入安装欢迎界面，如图 3-10 所示。单击"Next"按钮，进入如图 3-11 所示界面，选择安装位置，并单击"Next"按钮。

图 3-9　PyCharm 下载界面

图 3-10　安装欢迎界面

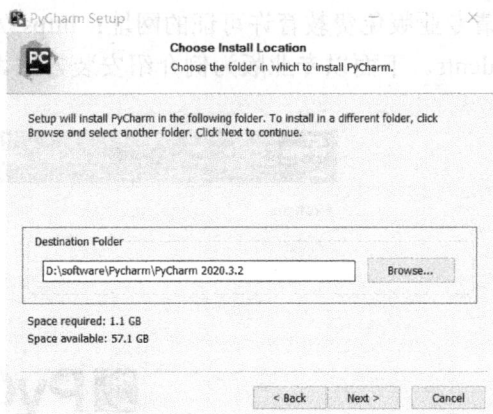

图 3-11　选择安装位置界面

步骤 3：在如图 3-12 所示的安装可选项界面中，根据实际情况勾选选项，然后单击"Next"按钮，进入如图 3-13 所示选择开始菜单界面。选择完成后单击"Install"按钮，将进入如图 3-14 所示的安装进度界面。安装完成后进入如图 3-15 所示的界面，选择是否重启电脑，然后单击"Finish"按钮即可。

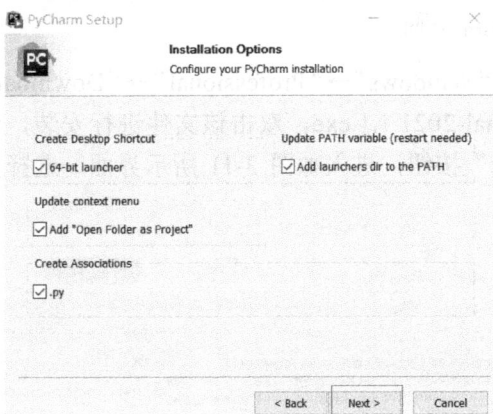

图 3-12　安装可选项界面

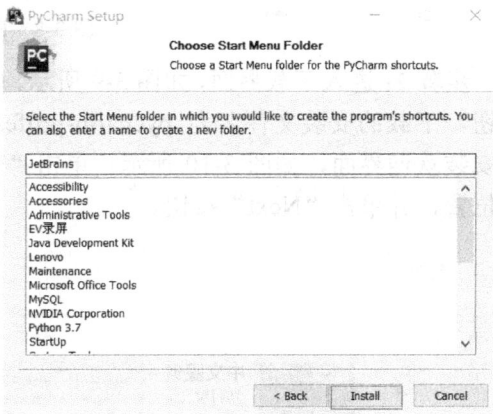

图 3-13　选择开始菜单界面

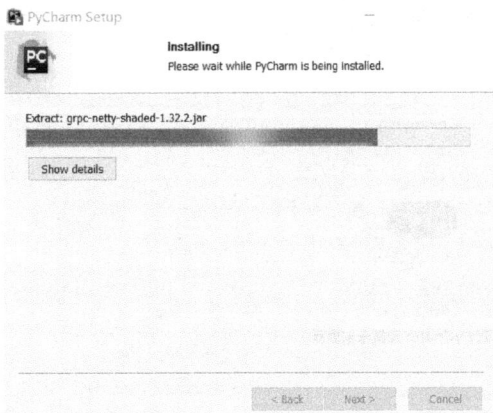

图 3-14　安装进度界面

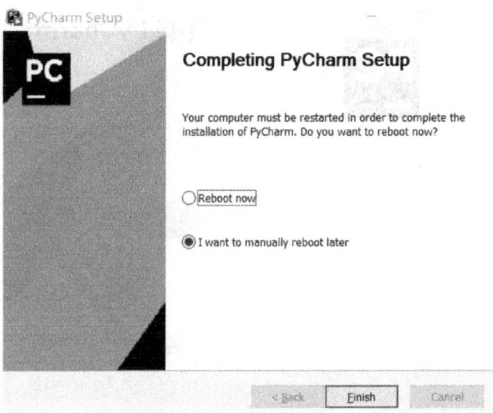

图 3-15　安装完成界面

步骤 4： 安装完成后，双击桌面图标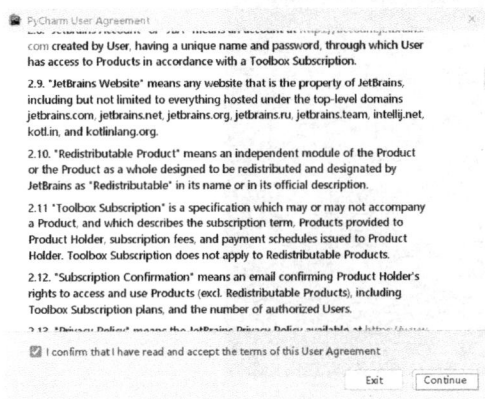，出现如图 3-16 所示的界面，勾选下方复选框并单击"Continue"按钮，进入是否共享信息界面，如图 3-17 所示。

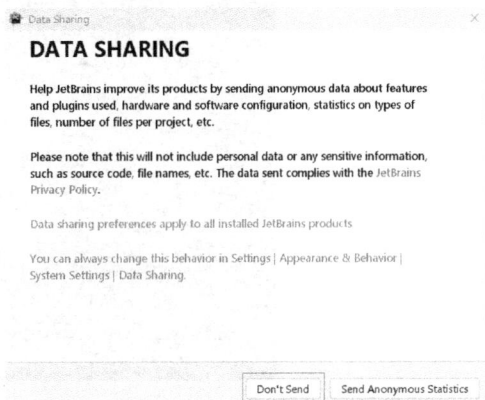

图 3-16　接受协议界面　　　　　　　　　　　　　图 3-17　是否共享信息界面

步骤 5： 激活 Pycharm，否则只能试用。单击"Activate PyCharm"→"JB Account"按钮，输入申请到的免费教育许可证的账号和密码，然后单击"Activate"按钮进行激活，如图 3-18 所示。当然，也可以单击"Evaluate for free"→"Evaluate"按钮，选择免费试用 30 天。然后单击"Continue"按钮进入如图 3-19 所示的界面，开始正式使用 Pycharm。如果不习惯默认的界面配色，可以单击"Customize"按钮，在"Color theme"下拉列表中切换配色方案，如图 3-20 所示。

步骤 6： 创建一个新项目，选择"Projects"→"New Project"菜单命令，进入如图 3-21 所示界面。"Location"后是项目创建位置，可以自己指定位置，也可以使用默认位置，这里使用默认位置。单击"Create"按钮，过程中将显示"Tip of the Day"提示窗口，根据需要查看，如不需要单击"Close"按钮即可。进入开发环境，如图 3-22 所示，默认已经创建了一个名为 main.py 的代码样例。右击项目名称，选择"New"→"Python File"菜单命令，即可创建 Python 文件，如图 3-23 所示。

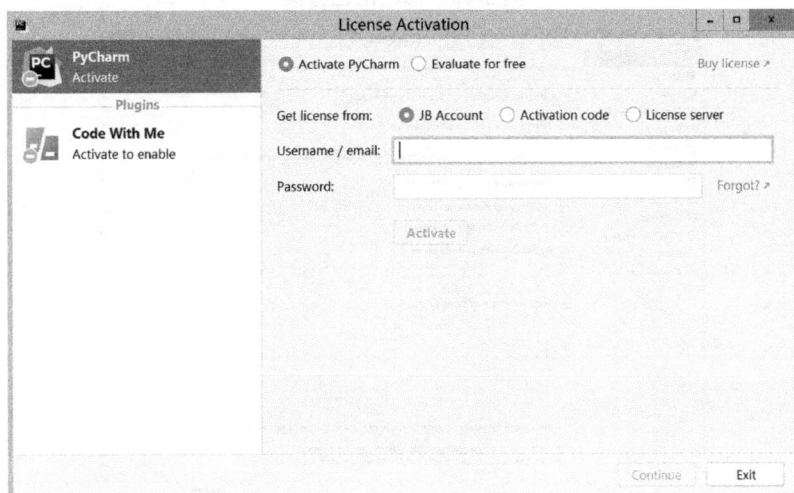

图 3-18　激活 PyCharm

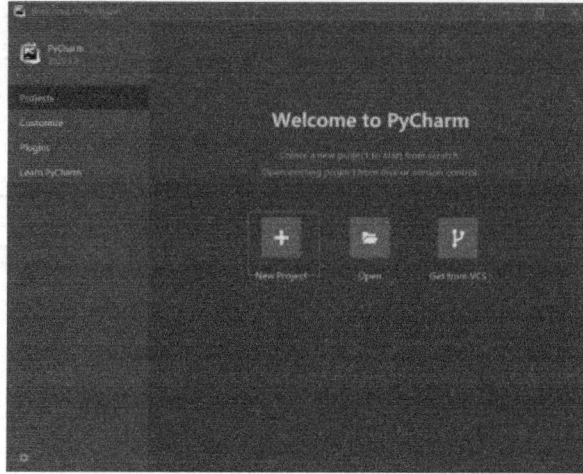

图 3-19　PyCharm 欢迎界面

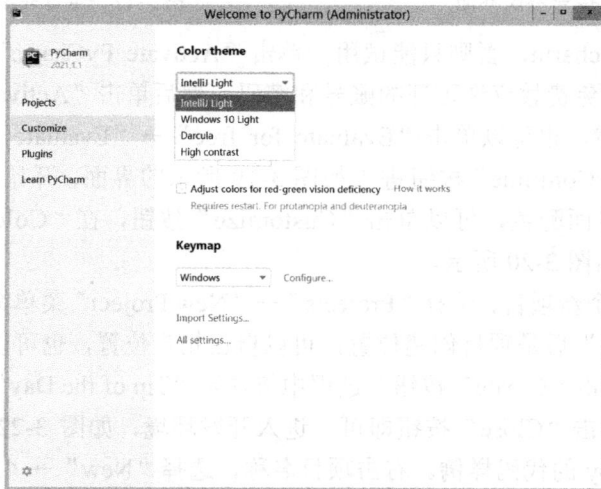

图 3-20　修改配色方案

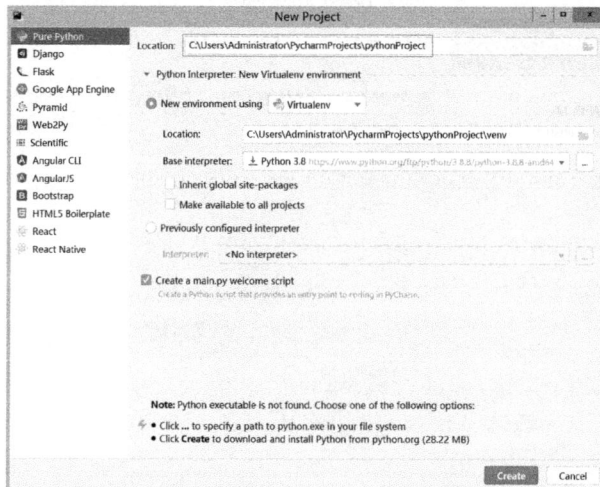

图 3-21　创建项目

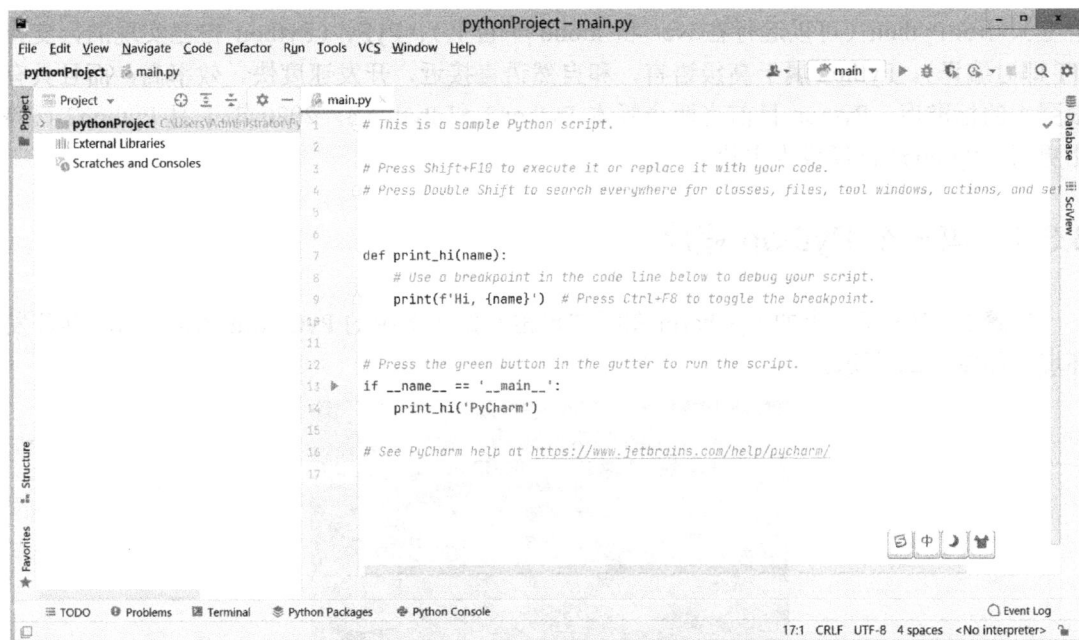

图 3-22 开发环境及代码样例

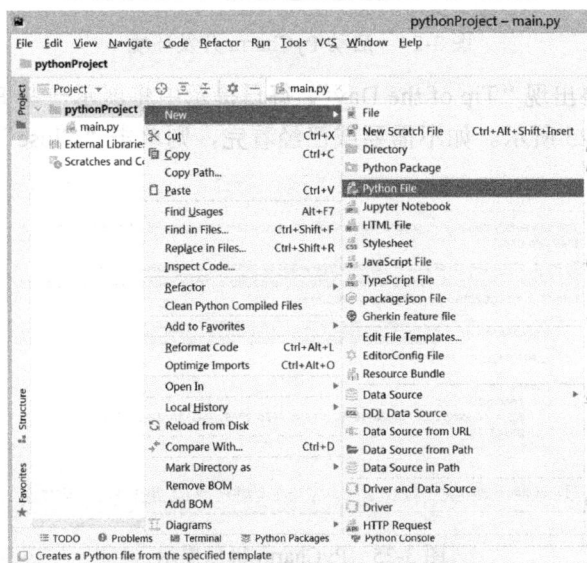

图 3-23 创建 Python 文件

3.3 Python 基本语法

Python 是一种解释型、面向对象、动态数据类型的高级程序设计语言。Python 由 Guido van Rossum 于 1989 年年底发明，于 1991 年正式公开发行版。像 Perl 语言一样，Python 源代码同样遵循 GPL（GNU General Public License）协议。Python 的解释器由多个语言实现，我们常用的 CPython（官方版的 C 语言实现），其他还有 Jython（可以运行在 Java 平台上）、IronPython（可以运行在.Net 和 mono 平台上）、PyPy（Python 自己实现的，支持 JIT 即时编译）。Python 属于高级语言，和自然语言接近，开发速度快、效率高，而且具有很强大的标准库。Python 目前有两个版本 Python2 和 Python3，2020 年 1 月 Python2 已停止更新，Python3 已经成为主流。

3.3.1 第一个 Python 程序

步骤 1：双击桌面上的 PyCharm 图标或单击开始菜单中的 PyCharm 图标，启动其开发环境，如图 3-24 所示。

图 3-24 启动 PyCharm 开发环境

步骤 2：启动后将出现"Tip of the Day"，每日提示中将展示一些 Python 开发的小技巧或者小案例，如图 3-25 所示。如不需要或已经看完，则单击"Close"按钮即可。

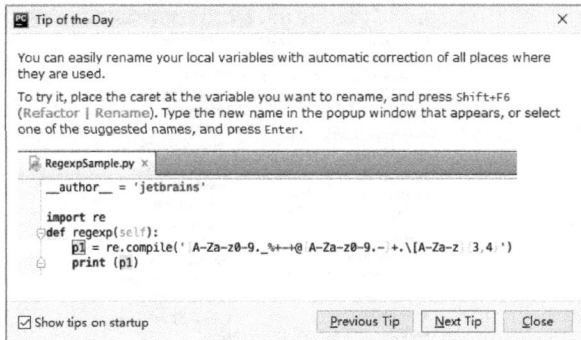

图 3-25 PyCharm 每日提示

步骤 3：进入开发环境后，默认会打开上一次的项目。如需新建项目，则选择"File"→ "New Project"菜单命令，如图 3-26 所示，然后会再次进入如图 3-21 所示界面。选择或输入 Project 的存储路径，并输入 Project 的名称，这里取名为"Pythontest"，然后单击 "Create"按钮，再次进入如图 3-22 所示的开发环境界面，选择项目"Pythontest"，右击，选择"New"→"Python File"菜单命令，将出现如图 3-27 所示界面，输入 Python 文件名称，这里取名为"demo1"，然后按回车键，即可在如图 3-28 所示界面的程序编写区域进行程序的编写。

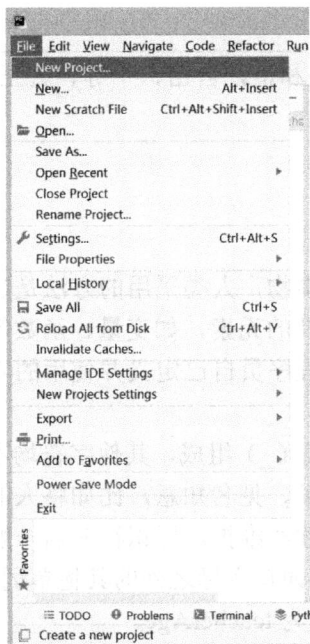

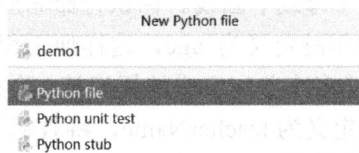

图 3-26　新建项目　　　　　　　　　图 3-27　新建 Python 文件

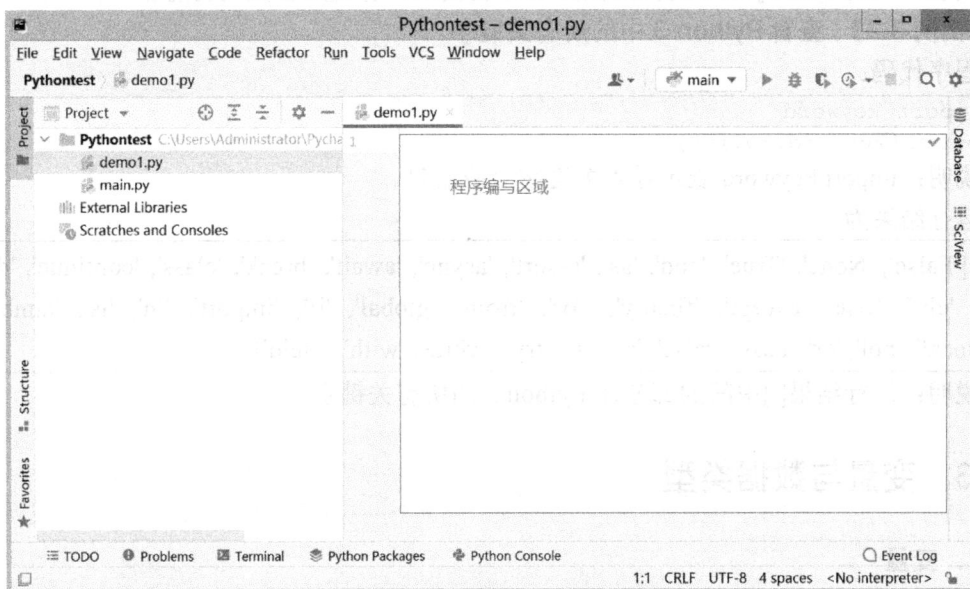

图 3-28　PyCharm 程序开发界面

【实例 3.1】　使用 Python 语言编写程序实现输出社会主义核心价值观的内容。

程序代码：

```
print('社会主义核心价值观是：富强、民主、文明、和谐，自由、平等、公正、法治，爱国、敬业、诚信、友善')
```

说明：print 是 Python 的输出函数，后面括号中单引号之间是需要输出的内容，如输出内容比较简单，小括号可以省略。

运行结果为：

> 社会主义核心价值观是：富强、民主、文明、和谐，自由、平等、公正、法治，爱国、敬业、诚信、友善

3.3.2 标识符与关键字

在现实世界中，为了更好地识别与管理周围的事物，人类采用的方法是起名。在计算机的程序世界中，同样采用起名的方式来对程序涉及的元素，如变量、函数等进行管理。

计算机程序中的命名有两种，在合法的范围内程序员自己定义并使用的名称叫作标识符，程序开发语言本身预留使用的名称叫作关键字。

标识符由英文半角字母、数字（0～9）或下画线（_）组成，其他字符均不合法，第一个字符必须是字母或下画线。标识符命名应简洁明了、见名知意，比如将人的名字定义为name，将人的年龄定义为age，这样便于程序的阅读和维护。标识符命名一般应符合驼峰规则，也就是由多个单词组成的标识符，除第一个单词首字母之外的其他单词首字母大写，如将教师姓名定义为teacherName，将教师年龄定义为teacherAge。

关键字是指在Python中预留使用的，程序员编写程序时不能用其作为标识符的名称。换句话说，关键字是Python提供的供开发环境使用、有特殊含义的符号。

【实例3.2】 查看Python 3中的所有关键字。

程序代码：

```
import keyword
print (keyword.kwlist)
```

说明： import keyword 表示导入关键字对应的包。

运行结果为

> ['False', 'None', 'True', 'and', 'as', 'assert', 'async', 'await', 'break', 'class', 'continue', 'def', 'del', 'elif', 'else', 'except', 'finally', 'for', 'from', 'global', 'if', 'import', 'in', 'is', 'lambda', 'nonlocal', 'not', 'or', 'pass', 'raise', 'return', 'try', 'while', 'with', 'yield']

说明： 运行结果[ ]中间的部分即Python 3的所有关键字。

3.3.3 变量与数据类型

1. 变量

变量就是在计算机内存中找一块地方用于存储某个值，要给这块地方起个名字来代表该空间中的内容。通俗地说，变量就是一个容器。通过"="给变量（容器）赋值。Python中的变量在使用前不需要声明类型，只有在首次赋值以后该变量才会被创建。每个变量在内存中创建后，都包括变量的标识、名称和数据这些信息。

变量赋值格式如下：

```
num=10000        #把10000存储到num对应的内存空间中
name='张三'       #把张三存储到name对应的内存空间中
```

【实例 3.3】　通过变量实现求两个数的和。

程序代码：

```
num1=400           #定义变量 num1 并赋值
num2=500           #定义变量 num2 并赋值
sum=num1+num2      #定义 sum 存储 num1 和 num2 的和
print(sum)         #输出 sum
```

运行结果为 900。

说明 1： 在 Python 中以 "#" 开头的语句代表注释，注释是给程序员看的，计算机不去识别。如果想添加多行注释，则以 ''' 开头，以 ''' 结尾，中间可以进行多行注释。

说明 2： 同时给多个变量赋相同的值可以使用连续等号，如 a=b=c=1000。

2．数据类型

在 Python 中，变量可以存储多种数据，这就涉及了数据类型。基于变量的数据类型，解释器会分配指定的内存空间，并决定什么数据可以被存储在内存中。因此，变量可以指定不同的数据类型，如整数、小数或字符等。可以使用 type（变量的名字）函数来查看变量的类型。

Python 定义了一些标准数据类型，用于存储各种类型的数据。Python 中的数据类型如下。

- **Numbers**（数字）：包括 int（有符号整型）、long（长整型[也可以代表八进制和十六进制]）、float（浮点型）、complex（复数）。
- **String**（字符串）：字符串是 Python 中最常用的数据类型，使用引号（'或"）来创建字符串。
- **List**（列表）：Python 中常用的数据类型，用 "[ ]" 界定，内部元素用 "," 隔开，如 a=[1,2,3,4]。
- **Tuple**（元组）：元组用 "( )" 界定，内部元素用 "," 隔开。但是元组不能二次赋值，相当于只读列表。
- **Dictionary**（字典）：映射集合类型，可以存储键（**key**）和它对应的值（**value**），用 ":" 隔开，多个键值对用 "," 隔开。
- **Bool**（布尔）：只有两个值，真（True）或假（False），单词首字母必须大写。

【实例 3.4】　使用 type() 函数检测变量类型。

程序代码：

```
num1=100              #定义整型变量 num1，其值为 100
print(type(num1))     #使用 type 函数获取 num1 的数据类型，并输出
num2=3.14             #定义浮点型变量 num2，其值为 3.14
print(type(num2))     #使用 type 函数获取 num2 的数据类型，并输出
num3=True             #定义布尔型变量 num3，其值为 True
print(type(num3))     #使用 type 函数获取 num3 的数据类型，并输出
num4=[1,2,3,4]        #定义列表类型变量 num4
print(type(num4))     #使用 type 函数获取 num4 的数据类型，并输出
num5=(1,2,3,4)        #定义元组类型变量 num5
print(type(num5))     #使用 type 函数获取 num5 的数据类型，并输出
num6={'姓名':'张三'}   #定义字典类型变量 num6
print(type(num6))     #使用 type 函数获取 num6 的数据类型，并输出
```

运行结果为

```
<class 'int'>
<class 'float'>
<class 'bool'>
<class 'list'>
<class 'tuple'>
<class 'dict'>
```

3.3.4 输出与输入

1. 输出

Python 常用的输出值的方式是使用 print()函数，默认输出在当前脚本窗口。也可以通过 sys.stdout()函数将标准输出重定向至其他位置，例如写入某个文件。另外，还可以使用文件对象的 write()函数直接将输出写入文件。如果希望输出的形式更加多样，还可以使用 str.format()函数来格式化要输出的字符串。

2. 输入

在 Python 3 中，获取键盘输入的字符串的方式是使用 input ()函数。下面通过例子来介绍输入和输出函数的用法。

【实例 3.5】 格式化输入/输出数据。

程序代码：

```
qq=input("请输入 QQ: ")
passwd=input("请输入密码: ")
print("您输入的 QQ 是:%s,密码是:%s"%(qq,passwd))
```

说明： Python 支持直接书写表达式进行输出，"%s"是一个占位的格式化符号，表示该位置使用标准字符串输出格式来输出变量内容。

运行结果为

```
请输入 QQ: 123456
请输入密码: aaaaaa
您输入的 QQ 是:123456,密码是:aaaaaa
```

3.3.5 运算符与表达式

Python 的运算符非常丰富，除了控制语句和输入输出，几乎所有的基本操作都可以使用运算符处理。运算是对数据进行加工的过程，用来表示各种不同运算的符号称为运算符，参加运算的数据称为运算对象或操作数，用运算符将运算对象连接起来的式子称为表达式。

1. 算术运算符

算术运算中的"+""−""*""/"不需要做详细的介绍，读者们自小学就学过先算乘除，后算加减，有括号的先算括号。这里需要说明的是"//"表示做除法求商的整数部分，"%"

表示求余运算，"**"表示求幂运算，例如"x**y"表示返回 x 的 y 次幂。

2. 赋值运算符

赋值运算符可以分为基本和复合两种。"="是 Python 中最基本的赋值运算符，由"="连接的式子称为基本赋值表达式，其一般形式为"变量=表达式"。

在基本赋值运算符"="之前加上其他双目运算符可构成复合赋值运算符，如"+=""-=""*=""/=""%=""**=""//="等，使用这些运算符连接的式子称为复合赋值表达式。

例如：a+=9 等价于 a=a+9；a*=b+3 等价于 a=a*(b+3)；a%=b 等价于 a=a%b。

3. 关系运算符

在程序中比较两个值大小的运算称为关系运算。关系运算符包括大于（>）、小于（<）、大于等于（>=）、小于等于（<=）、等于（= =）和不等于（!=）。

4. 逻辑运算符

逻辑运算符有三种"与"（and）、"或"（or）和"非"（not），假设 x=1，y=2，下面对其返回值进行讲解。

- x and y（布尔"与"）：如果 x 为 False，x and y 返回 False，否则返回 y 的计算值。此处返回 2。
- x or y（布尔"或"）：如果 x 是非 0，则 x or y 返回 x 的值，否则返回 y 的计算值。此处返回 1。
- not x（布尔"非"）：如果 x 为 True，则 not x 返回 False；如果 x 为 False，则返回 True。此处返回 False。

5. 成员运算符

除了以上的一些运算符，Python 还支持成员运算符，测试某元素是否存在于某序列内。

"in"表示如果在指定的序列中找到对应的值，则返回 True，否则返回 False。例如，"x in y"表示如果 x 在 y 序列中，则返回 True。"not in"表示如果在指定的序列中没有找到对应的值，则返回 True，否则返回 False。

3.3.6 程序结构

1. 分支结构

分支结构（也称选择结构）是指依据一定的条件而不是严格按照语句出现的物理顺序选择执行的具体语句。Python 提供了单分支结构（其流程如图 3-29 所示）、双分支结构（其流程如图 3-30 所示）与多分支结构，其中单分支结构使用 if 关键字，双分支结构使用 if…else 关键字，多分支结构使用 if…elif…elif…else 关键字。

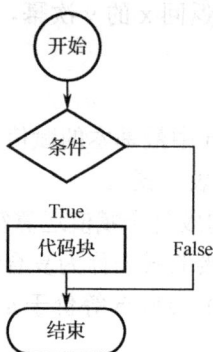

图 3-29 单分支结构流程图   图 3-30 双分支结构流程图

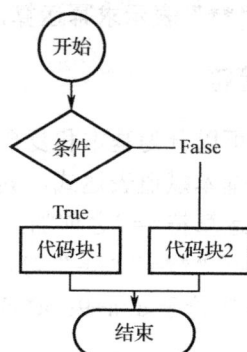

分支结构的语法格式如下：

```
if condition_1:
    statement_block_1
elif condition_2:
    statement_block_2
else:
    statement_block_3
```

说明： 每个条件后面要使用冒号 "："，表示接下来的是满足条件后要执行的语句块。这里要注意代码之间的层级，因为 Python 的分支结构没有界定符号，需要依靠代码层级来进行界定。

【实例 3.6】 根据年龄判断所属年龄段。

程序代码：

```
age=int(input("请输入年龄："))        #获取年龄并存入 age 变量
if age>=60:                          #如果年龄大于等于 60，判断是老人
    print("您是一位老人")
elif age>=40:                        #如果年龄介于 40～59，判断是中年人
    print("您是一位中年人")
elif age>=18:                        #如果年龄介于 18～39，判断是年轻人
    print("您是一位年轻人")
else:                                #如果年龄小于 18，判断是未成年人
    print("你是未成年人")
```

输入 60，其运行结果为：

```
请输入年龄：60
您是一位老人
```

2．循环结构

在编写程序解决现实问题的过程中，经常遇到"重复且有一定规律变化"的问题的处理。比如求 1 到 100 的和，该问题在不利用任何公式进行计算的情况下，最直接的方法是从 1 开始，到 100 结束，依次将 100 个数加到一起。这就是一个重复求和的过程，但是重复过程又存在加数的变化，程序设计中将这种"满足一定条件的重复"称为循环。Python 中的循环有 for 循环和 while 循环。

（1）for 循环的语法格式如下：

```
for 变量 in 序列：
    代码块
```

说明：这里需要注意冒号和缩进，注意代码之间的层级，因为 Python 的 for 循环没有界定符号，需要依靠代码层级来进行界定。

for 循环的流程图如图 3-31 所示。

【实例 3.7】 for 循环应用。

程序代码：

```
countries = ['China', 'Korea', 'Japan']
for country in countries:
    print('中日韩自贸区之',country)
```

说明：依次遍历因素名列表，按顺序输出。

其运行结果为：

```
中日韩自贸区之 China
中日韩自贸区之 Korea
中日韩自贸区之 Japan
```

（2）while 循环的语法格式如下：

```
while 判断条件(condition)：
    执行语句(statements)……
```

说明：注意冒号和缩进，其流程图如图 3-32 所示。

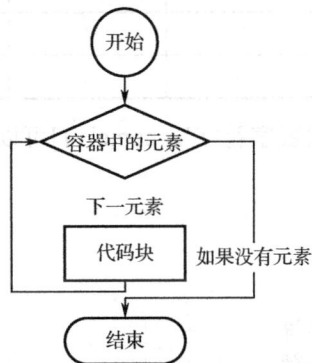

图 3-31　for 循环流程图　　　　图 3-32　while 循环流程图

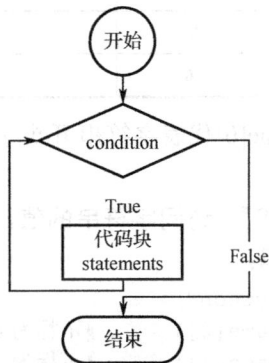

【实例 3.8】 求 1 到 100 的和。

程序代码：

```
i=1
sum=0
while i<=100:
    sum+=i
    i+=1
print("1 到 100 的和为",sum)
```

说明：注意变量初值和代码层级。

其运行结果为：

```
1 到 100 的和为 5050
```

3.3.7　字符串

字符串是 Python 中最常用的数据类型之一。我们可以使用引号（''或""）来创建字符串。创建字符串很简单，只要为变量分配一个值即可，例如：

```
str1=' I Love China! '
str2= " Artificial Intelligence "
```

说明：双引号或者单引号中的数据就是字符串。

1．访问字符串的值

Python 不支持单字符类型，单字符在 Python 中也是作为一个字符串使用的。Python 中想要访问子字符串，可以使用方括号"[ ]"来截取字符串，并且遵循"左闭右开"的原则，即从起点下标所标记的元素一直取到终点下标的前一个元素为止，默认间隔长度为 1。

字符串的截取的语法格式如下：

```
变量[下标]
```

或者

```
变量[起点下标:终点下标:间隔长度]
```

字符串实际上就是字符的数组，所以也支持下标索引，如字符串 name='abcdef'在内存中的实际存储如下：

字符串 name	a	b	c	d	e	f
正序下标	0	1	2	3	4	5
逆序下标	-6	-5	-4	-3	-2	-1

使用 name[0]代表字符串开头字符' a'，name[5]代表字符' f'，name[-1]可以代表字符串结尾字符' f'。

【实例 3.9】　访问字符串的值。

程序代码：

```
name="Python"
print(name[0])      #下标为 0 的是取第 0+1 个字符
print(name[1])      #下标为 1 的是取第 1+1 个字符
print(name[-1])     #下标为-1 的是从最后开始取 1 个字符
print(name[1:3])    #遵循"左闭右开"的原则，表示取下标为 1 和 2 的字符子串，不取下标
为 3 的字符
print(name[0:-1])   #从开始到倒数第 2 个字符的子串。
print(name[0::2])   #从开始一直取到结尾，间隔步长为 2
print(name[::-1])   #间隔步长为-1，字符串反转
```

说明：注意 Python 字符的下标是从 0 开始的，单独下标表示取对应下标的字符，冒号隔开的区间表示取从起点下标到终点下标（不含终点下标）的字符。

其运行结果为：

```
P
y
n
yt
```

```
Pytho
Pto
nohtyP
```

2．字符串格式化

Python 支持格式化字符串的输出。尽管这样可能会用到非常复杂的表达式，但最基本的用法是将一个值插入一个有字符串格式符"%s"的字符串中。Python 字符串格式化和 C 语言中 printf()函数的语法类似。

【实例 3.10】　字符串格式化输出。

程序代码：

```
6name=input('请输入姓名：')              #输入姓名并存储到 name 变量
age=int(input('请输入年龄:'))            #int()表示将括号中的内容转换成整型
print("我是%s 今年%d 岁！" %(name,age))   ##%s 表示以字符串格式输出，%d 表示以整型格
式输出
```

说明：int(input('请输入年龄:'))表示将输入的数据转换为整型，这里一定要有数据类型转换，如没有转换，输出时将会报错。

其运行结果为：

```
请输入姓名：seashorewang
请输入年龄:39
我是 seashorewang 今年 39 岁！
```

除了字符串、整型，Python 还支持其他类型的数据。Python 中字符串的格式符号如表 3-1 所示。

表 3-1　字符串格式符号

符　号	描　　　　述	符　号	描　　　　述
%c	格式化字符及其 ASCII 码	%s	格式化字符串
%d	格式化整型	%u	格式化无符号整型
%o	格式化无符号八进制数	%x	格式化无符号十六进制数
%X	格式化无符号十六进制数（大写）	%f	格式化浮点数字，可指定精度
%e	用科学计数法格式化浮点数	%E	作用同%e

3．字符串运算符

字符串常用运算符如表 3-2 所示。假设这里定义了两个字符串，str1="Artificial"，str2=" Intelligence"，下面以这两个字符串为例给出运算结果。

表 3-2　字符串常用运算符

符　号	描　述	实　例	符　号	描　述	实　例
+	字符串连接	>>> str1 + str2 'Artificial Intelligence'	*	重复输出字符	>>>str1*2 'Artificial Artificial'

符　号	描　述	实　例	符　号	描　述	实　例
[]	通过索引获取字符串中字符	>>> str1[2] 't'	[:]	截取字符串中的一部分	>>> str1[2:4] 'ti'
in	成员运算符，包含为 True	>>>"c" in str1 True	not in	成员运算符，不包含为 True	>>>"P" not in str1 True

4. 字符串的常见操作

假设有字符串 mystr= 'Nothing is difficult in the world'，以下举例说明字符串的常见操作。

【实例 3.11】 内建函数 find( )。

程序代码：

```
mystr = 'Nothing is difficult in the world'    #定义字符串并存储"Nothing is
difficult in the world"
print(mystr.find('world'))                      #输出查找的返回值
```

说明：mystr.find('world')，表示在字符串 mystr 中查找"world"，如存在则返回其起始字符的索引。

find()函数的使用格式为：mystr.find(str, start=0, end=len(mystr))。检测 str 是否包含在 mystr 字符串中，如果是则返回开始的索引值，否则返回-1。

其运行结果为：28

【实例 3.12】 内建函数 index( )。

程序代码：

```
mystr = 'Nothing is difficult in the world'    #定义字符串并存储"Nothing is
difficult in the world"
print(mystr.index('world1'))                    #输出查找的返回值，如不存在则产
生异常
```

说明：index()函数的使用格式为：mystr.index(str, start=0, end=len(mystr))，跟 find()函数一样，只不过如果 str 不包含在 mystr 字符串中会产生一个异常.。

其运行结果为：会产生异常

【实例 3.13】 内建函数 count( )。

程序代码：

```
mystr = 'Nothing is difficult in the world'    #定义字符串并存储"Nothing is
difficult in the world"
print(mystr.count('f'))                         #查找字符'f'出现的次数
```

说明：count()函数的使用格式为：mystr.count(str, start=0, end=len(mystr))，返回 str 在 mystr 字符串的 start 和 end 之间出现的次数.。

其运行结果为：2

【实例 3.14】 内建函数 replace ( )。

程序代码：

```
mystr = 'Nothing is difficult in the world'    #定义字符串存储"Nothing is
difficult in the world"
print(mystr.replace('world','WORLD'))           #查找'world'，并用'WORLD'替代
```

说明：replace()函数的使用格式为：mystr.replace(str1, str2, mystr.count(str1))，把 mystr

字符串中的 str1 替换成 str2，如果指定了 count，则替换次数不超过 count。

其运行结果为：Nothing is difficult in the WORLD

【实例 3.15】　内建函数 lower ( )。

程序代码：

```
mystr = 'Nothing is difficult in the world'    #定义字符串存储"Nothing is
difficult in the world"
print(mystr. lower ())                          #将字符串变成小写并输出
```

说明：lower()函数的使用格式为：mystr.lower()，将 mystr 字符串中的所有大写字母转换为小写字母。如要将所有小写字母转换为大写字母则使用 upper()函数。

其运行结果为：nothing is difficult in the world

字符串的内置函数还有很多，这里不再一一举例，读者如需使用其他函数，请参考帮助文档。

3.3.8　列表

列表也是 Python 中最常用的数据类型之一，列表的数据项不需要具有相同的类型。要创建一个列表，只要把用逗号分隔的不同的数据项使用方括号括起来即可。与字符串的索引一样，列表索引也从 0 开始，也可以进行截取、组合等操作。使用下标索引来访问列表中的值，可以使用方括号的形式截取字符，可以使用 append()函数来添加列表项，可以使用 del 语句来删除列表中的元素。

【实例 3.16】　列表的应用。

程序代码：

```
namelist=['秦','赵','魏']
print(namelist[-1])
print(namelist[0:2])
namelist.append('楚')
print(namelist)
namelist.insert(0,'齐') #将元素到指定位置
print(namelist[0:5])
namelist.pop()            #从列表尾部取出元素并从列表中删除，如果带整数参数，则取出对
应编号的元素
print(namelist)
namelist.remove('赵')    #删除指定值的元素，如果有相同值，则删除第一个
print(namelist)
namelist.reverse()       #列表翻转
print(namelist)
namelist.sort()          #列表排序
print(namelist)
namelist.clear()         #清空列表
print(namelist)
```

说明：本例使用了内置函数 append()增加列表中的元素，使用 insert()函数插入元素到指定位置，使用 pop()函数截取元素，使用 remove()函数删除指定元素，使用 reverse()函数进行列表翻转，使用 sort()函数进行列表排序，使用 clear()函数清空列表元素。

其运行结果为：

```
魏
['秦', '赵']
['秦', '赵', '魏', '楚']
['齐', '秦', '赵', '魏', '楚']
['齐', '秦', '赵', '魏']
['齐', '秦', '魏']
['魏', '秦', '齐']
['秦', '魏', '齐']
[ ]
```

【实例 3.17】　使用 for 循环遍历列表。

程序代码：

```
namelist=['hebei','shanxi','beijing']
for a in namelist:          #使用循环遍历列表
    print(a)                #注意 a 即代表每次遍历的元素值
```

说明： 注意代码层级。

其运行结果为：

```
hebei
shanxi
beijing
```

3.3.9　元组

Python 中的元组与列表类似，不同之处在于元组中的元素不能修改，另外，元组使用圆括号表示，列表使用方括号表示。元组的创建很简单，只需要在圆括号中添加元素，并使用逗号隔开即可。

【实例 3.18】　元组的应用。

程序代码：

```
atuple=('a',2,'wang',[1,2,3,4])   #只能通过下标访问元组的值，且不能改变其值，改变
元组的值会报错
print(atuple)
print(atuple.count('a'))
print(atuple.index('wang'))
```

说明： 这里使用了两个元组的内置函数 count() 和 index()，元组还有 len()、max()、min() 等内置函数，读者需要使用的时候可以在元组后输入一个 "."，Pycharm 会提示包含的内置函数，并列出其用法。

其运行结果为：

```
('a', 2, 'wang', [1, 2, 3, 4])
1
2
```

3.3.10 字典

字典是一种映射集合类型，元素之间没有顺序，每个元素是由一个键（key）对应一个值（value）组成的键值对。整个字典包括在花括号{}中，每个键值对之间用逗号","分隔，键和值之间使用冒号":"分隔，例如{ 'name':'梅长苏'}，'name'为键，'梅长苏'为值。在列表中寻找某个元素时，是根据下标进行的；而在字典中则是根据键来查找值的。

【实例 3.19】 字典的应用。

程序代码：

```
info = {'id':10001, 'name':'梅长苏', 'sex':'男', 'age':100}
print(info['name'])
print(info['age'])
print(info['address'])                #访问不存在的键将会报错
```

说明： address 键不存在，访问时将会报错。

其运行结果为：

```
梅长苏
Traceback (most recent call last):
100
File "E:/pythondemo/aa1.py", line 4, in <module>
print(info['address'])   #访问不存在的键将会报错
KeyError: 'address'
```

字典的每个元素中的数据是可以修改的，只要通过键找到了这个元素，即可修改。如果在使用"变量名['键']=数据"时，这个"键"在字典中不存在，那么就会新增这个元素。对字典进行删除操作时，可以使用 del()函数或者 clear()函数，使用 del()函数可以删除指定元素。

3.4 Python 中的函数与模块

3.4.1 Python 中的函数

函数英文为 function，函数是其字面意思的翻译，function 还有功能、作用的意思。其实函数的本意就是用来完成一定功能的代码块。为了便于重复使用，函数要有一个名字，函数名应满足用户标识符的命名规则，并能够清晰地呈现函数的功能。函数能提高应用程序的模块性和代码的重复利用率。

Python 的函数分为提供给用户使用的内建函数和允许用户自己创建的自定义函数。函数按照不同标准又可以分为带参数的函数和不带参数的函数，有返回值的函数和没有返回值的函数。

程序模拟的是客观的世界，函数正是用来完成客观世界中的一个相对独立的事件或者功能的，将其封装起来，对外提供访问的接口。

1. 定义函数

Python 中定义函数使用 def 关键字，一般格式如下：

```
def 函数名(参数列表)：
    函数体代码
```

说明：函数的定义以 def 关键字开头，后接函数标识符名称和圆括号()；圆括号之间可以用于定义参数，任何传入参数和自变量必须放在圆括号中间；函数内容以冒号起始，并且缩进；"return [表达式]"语句用于结束函数，选择性地返回一个值给调用方，不带表达式的 return 语句相当于返回 None。默认情况下，参数值和参数名称是按函数声明中定义的顺序来匹配的。

例如：

```
def  hello() :
    print("Hello World!")
```

2. 调用函数

定义一个函数即给函数起了一个名称，指定了函数里包含的参数和代码块结构。函数的基本结构完成以后，可以通过另一个函数调用执行，也可以直接通过 Python 命令提示符执行。

```
def printstr(str):                      #定义函数
    print(str)                          #打印任何传入的字符串
# 调用函数
printstr("富强、民主、文明、和谐 ")       #第 1 次调用函数 printstr
printstr("自由、平等、公正、法治 ")       #第 2 次调用函数 printstr
printstr("爱国、敬业、诚信、友善 ")       #第 3 次调用函数 printstr
```

说明：本例中涉及了函数的参数传递，str 是形式参数，调用函数时传入什么值，str 就表示什么值。

3. 函数参数传递

函数的调用是为了完成一定的功能，因此就需要进行数据的传递。Python 中的一切都是对象，严格意义上我们不能说是值传递还是引用传递，而应该说传递不可变对象和传递可变对象。

● 不可变对象：传递的参数是不可以改变的对象，如整型、字符串、元组。

● 可变对象：传递的参数是可以改变的对象，如列表、字典。

【实例 3.20】 函数的定义和调用。

程序代码：

```
# -*- coding: utf-8 -*-
"""
@author: Seashorewang
"""
#没有返回值的函数
def fun1():                             #定义没有返回值的函数
    print("*"*30)
fun1()                                  #调用没有返回值的函数
#带有返回值的函数
def fun2():                             #定义有返回值的函数
    return "#"*30
```

```
a=fun2();                         #调用有返回值的函数，使用变量 a 接收函数返回值
print(a)
#带参数的函数
def fun3(name):                   #定义带参数的函数
    print("my name is {}".format(name))
fun3("张三")                       #调用带参数的函数，这里需要传入参数
#带默认参数的函数
def fun4(name,num,age=20):         #定义带默认参数的函数
    print("name is {},num is {} age is {}".format(name,num,age))
fun4("张三",222)                   #调用默认参数函数时，可以不传入参数值
fun4(age=22,num=123,name="马六")
```

说明：

- 请注意代码层级，Python 以代码层级进行界定；
- 函数定义以后需调用才能起作用；
- 按照有没有返回值，函数可以分为有返回值的函数和没有返回值的函数；
- 按照有没有参数，函数可以分为带参数的函数和不带参数的函数；
- print("my name is {}".format(name))是对输出的信息格式化，并用变量 name 的值填充 "{}"。

其运行结果为：

```
****************************
############################
my name is  张三
name is  张三,num is 222 age is 20
name is  马六,num is 123 age is 22
```

3.4.2　Python 中的模块

一个完整的大型 Python 程序是以模块的形式组织的，简而言之，在 Python 中，一个文件（以 ".py" 为后缀名的文件）就叫作一个模块，每一个模块在 Python 中都被看作一个独立的文件。模块可以被项目中的其他模块、一些脚本甚至是交互式的解析器所使用，也可以被其他程序引用，以使用该模块中的函数等功能。使用恰当的功能模块，可以大大提高开发者的工作效率。

Python 模块可以分为系统内置模块、自定义模块和第三方开源模块等。

1. 模块的安装

只有第三方开源模块需要安装，系统内置模块和自定义模块只需按文件名称引入即可。作为一个流行的开源项目，Python 拥有活跃的贡献者群体和用户支持社区，这些社区可以让他们的软件供其他 Python 开发人员在开源许可条款下使用。pip 是首选的模块安装工具，从 Python 3.4 开始，它默认包含在 Python 二进制安装程序中。

安装命令格式为：

```
pip install 模块名
```

例如，pandas 是一个第三方的开源模块，包含了很多强大的数据处理和分析工具，

pandas 模块的安装命令为：

```
pip install pandas
```

2. 模块的引入和使用

将模块引入程序，就可以使用模块内的函数等功能了。引入模块使用 import 语句。

方法一：

```
import 模块名                    #引入模块
模块名.函数名()                  #使用模块内的函数功能
```

方法二：

```
from 模块名 import 函数名1,函数名2...    #引入模块内的个别函数而不必引入整个模块
from 模块名 import *             #引入模块内的所有函数
函数名()                         #使用该函数功能而无须指明该函数属于哪个模块
```

例如：

```
import random                    #引入随机数模块
print(random.randint(0,100))     #输出 0～100 的一个随机整数
from time import sleep           #引入时间模块
sleep(5)                         #程序等待 5 秒钟
```

【实例 3.21】 猜数字游戏。

程序代码：

```
from random import randint       #引入 random 模块的随机整数生成函数
times=0
bingo=randint(1,100)             #生成一个 1～100 的随机整数
while True:
    times+=1                     #猜测次数增加 1
    guess=eval(input("请输入猜测的数字（1-100）："))
    if guess==bingo:             #分三种情况处理，猜中则退出游戏
        print("第{}次就猜中了！".format(times))
        break
    else:
        if guess>bingo:
            print("猜大了")
        else:
            print("猜小了")
```

说明： 采用折半猜测的方式来减少猜测次数。

由于有随机数的关系，其运行结果并不唯一，其中一次是：

```
请输入猜测的数字（1-100）：50
猜大了
请输入猜测的数字（1-100）：25
猜大了
请输入猜测的数字（1-100）：12
猜小了
请输入猜测的数字（1-100）：18
猜大了
请输入猜测的数字（1-100）：15
第 5 次就猜中了！
```

3.5　网络爬虫与数据解析

3.5.1　网络爬虫

互联网的快速发展带来了大量获取和提交网络信息的需求，也因此产生了"网络爬虫"等一系列应用。网络爬虫是一种按照一定的规则，自动地抓取网络信息的程序或者脚本。使用网络爬虫可以自动地抓取网络中有价值的信息。

Python 语言的简洁性和脚本特点非常适合用于链接和网页处理，因此在 Python 的计算生态中，与 URL 和网页处理相关的第三方库有很多，这为开发爬虫脚本程序提供了便利条件。谷歌公司在搜索引擎后端采用 Python 语言进行链接处理和开发，这成为该语言发展成熟的一个里程碑事件。

一个基础的网络爬虫工具至少要包含两个部分。

（1）网页下载器：通过一个 URL 地址来下载网页，获取网页内容并将网页转换成一个字符串。Python 语言提供了很多类似功能的模块，包括 urllib、urllib2、urllib3、wget、scrapy、requests 等。

（2）网页解析器：对获得的网页内容进行处理，对一个网页字符串进行解析，可以按照要求提取出有用的信息，也可以根据 DOM 树的解析方式来解析。常见的 Python 网页解析模块有 re、html.parser、beautifulsoup、lxml 等。

更为完善的网络爬虫工具还应该包括 URL 管理器，负责管理包括待爬取的 URL 地址和已爬取的 URL 地址，防止重复抓取 URL 和循环抓取 URL；调度器，负责调度 URL 管理器、下载器、解析器之间的协调工作；以及通过收集到的有价值的信息而开发出的上层应用程序。网络爬虫架构如图 3-33 所示。

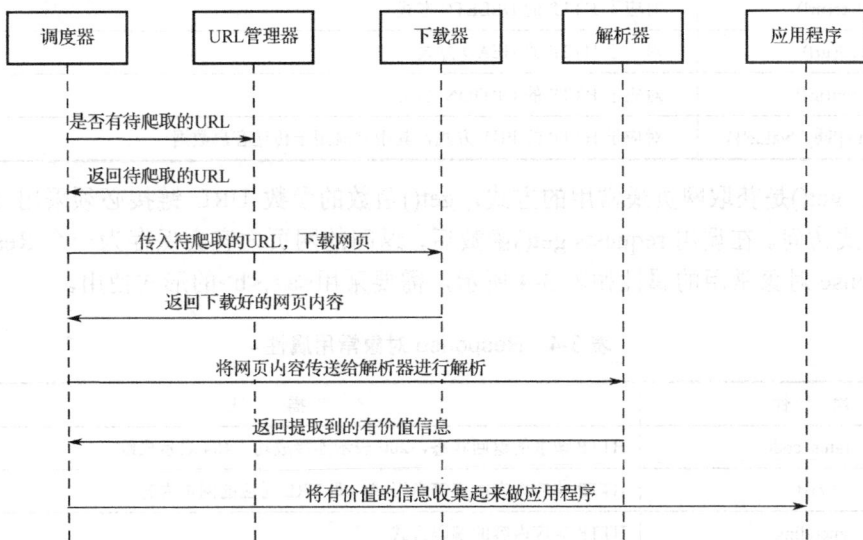

图 3-33　网络爬虫架构

当使用网页爬虫开发工具时，需要知道肆意地抓取网络数据在某些情况下是会引起不公平竞争或法律纠纷的，例如带有自动提交功能的程序被用于抢购稀缺资源等。另外还要注意避免类似拒绝服务攻击（Dos）行为及侵犯隐私或版权的行为。

Robots 爬虫协议中，网站管理者可以在网站根目录下放置一个 robots.txt 文件，并在文件中列出哪些链接不允许爬虫抓取。一般搜索引擎的爬虫会首先捕获这个文件，并根据文件要求抓取网站内容。然而，Robots 协议不是命令和强制手段，只是国际互联网的一种通用道德规范，绝大部分成熟的搜索引擎爬虫都会遵循这个协议，建议个人使用者也能按照互联网规范要求合理使用爬虫技术。

3.5.2 网页下载器

下面以 requests 模块为例实现一个网页下载器。requests 库是一个简洁且简单的处理 HTTP 请求的第三方库，它的优点是程序编写过程更接近正常的 URL 访问过程，支持丰富的链接访问功能。更多有关 requests 库的介绍，可以参考该模块的说明文档：http://docs.python- requests.org。

首先需要使用 pip 工具来安装 requests 模块。

```
pip install requests      #在命令提示符下运行命令安装模块
```

requests 模块常用的网页请求函数如表 3-3 所示。

表 3-3 requests 模块常用网页请求函数

函　　数	描　　述
get(url[,timeout=n])	对应于 HTTP 的 GET 方式，是获取网页最常用的方式。可以增加 timeout=n 参数，设定每次请求超时时间为 n 秒
post(url,data={'key':'value'})	对应于 HTTP 的 POST 方式，其中字典用于传递客户数据
delete(url)	对应于 HTTP 的 DELETE 方式
head(url)	对应于 HTTP 的 HEAD 方式
option(url)	对应于 HTTP 的 OPTION 方式
put(url,data={'key':'value'})	对应于 HTTP 的 PUT 方式，其中字典用于传递客户数据

说明：get()是获取网页最常用的方式，get()函数的参数 URL 链接必须采用 HTTP 或 HTTPS 方式访问。在调用 requests.get()函数后，返回的网页内容会保存为一个 Response 对象，Response 对象常用的属性如表 3-4 所示，需要采用<a>.<b>的形式使用。

表 3-4 Response 对象常用属性

属　　性	描　　述
status_code	HTTP 请求的返回状态，200 表示连接成功，404 表示失败
text	HTTP 响应内容的字符串形式，即 URL 对应的网页内容
encoding	HTTP 响应内容的编码方式
content	HTTP 响应内容的二进制形式

【实例 3.22】　请求新浪网首页的页面信息。

程序代码：

```
import requests
r=requests.get(' http://www.sina.com.cn')
if r.status_code==200:                    #如果返回状态 200 代表访问成功
    r.encoding='utf-8'                    #修改 HTML 文本的字符编码为 UTF-8
    print(r.text)                         #输出网页 HTML 文本
```

输出结果略。

3.5.3　网页解析器

下面以 beautifulsoup4 模块为例，来实现一个网页解析器。使用 requests 模块获取 HTML 页面并将其转换成字符串后，需要进一步解析 HTML 页面格式，提取有用信息，这需要处理 HTML 和 XML 的模块。beautifulsoup4 是一个解析和处理 HTML 和 XML 模块的第三方库。

首先需要使用 pip 工具来安装 beautifulsoup4 模块。

```
pip install beautifulsoup4        #在命令提示符运行命令安装模块
pip install html5lip              #安装依赖模块
pip install lxml                  #安装依赖模块
```

说明：beautifulsoup4 模块不是 beautifulsoup 模块，后者由于年代久远已经不再维护更新了，安装时需注意区分。模块的完整说明文档可参考：https://beautifulsoup.readthedocs.io/zh_CN/v4.4.0/。

采用 HTML 建立的 Web 页面一般非常复杂，除了有用的内容信息，还包括大量页面格式元素，因此直接解析一个 Web 页面需要深入了解 HTML 语法，而且比较复杂。beautifulsoup4 模块将专业的 Web 页面格式解析部分封装成函数，提供了若干有用且便捷的处理函数。

在使用 beautifulsoup4 模块之前，需要进行引入。beautifulsoup4 库中最主要的是 BeautifulSoup 类，可以用 from…import 方式从库中直接引入 BeautifulSoup 类，再使用 BeautifulSoup()创建一个 BeautifulSoup 对象。每个实例化的对象相当于一个页面。

```
import requests
from bs4 import BeautifulSoup         #引入 BeautifulSoup 类，注意严格区分大小写
r=requests.get(' http://www.sina.com.cn')
if r.status_code==200:                #如果返回状态 200 代表访问成功
    r.encoding='utf-8'
    soup=BeautifulSoup(r.text)        #使用 HTML 文本创建一个 BeautifulSoup 对象
```

创建的 BeautifulSoup 对象是一个树形结构，它包含 HTML 页面里的每一个 Tag（标签）元素，如<head><body>等。具体来说，HTML 中的主要结构都变成了 BeautifulSoup 对象的属性，可以直接用<a>.<b>形式获得，其中<b>的名字采用 HTML 中标签的名字。BeautifulSoup 对象的常用属性如表 3-5 所示。每一个标签在 beautifulsoup4 模块中也是一个对象，称为 Tag 对象。例如，上例的 BeautifulSoup 对象 soup 其中的一个标签 title，就是网页的页面标题，可以尝试输出并查看：

```
print(soup.title)
```

输出结果为：

```
<title>新浪首页</title>
```

表 3-5　BeautifulSoup 对象常用属性

属　　性	描　　述
head	HTML 页面的\<head>内容
title	HTML 页面标题，在\<head>之中，由\<title>标记
body	HTML 页面的\<body>内容
p	HTML 页面中第一个\<p>的内容
strings	HTML 页面所有呈现在 Web 上的字符串，即标签内容
stripped_strings	HTML 页面所有呈现在 Web 上的非空格字符串

每一个标签对象在 HTML 中都有类似的结构，因此可以通过 Tag 对象的 name、attrs 和 string 属性获得相应内容，采用\<a>.\<b>的语法形式。Tag 对象的常用属性如表 3-6 所示。

表 3-6　Tag 对象常用属性

属　　性	描　　述
name	标签名字
attrs	字典类型，包含了原来页面标签的所有属性，如 href
contents	列表类型，这个标签下所有子标签的内容
string	字符串，标签所包含的文本，网页中真实的文字

由于 HTML 语法可以在标签中嵌套其他标签，所以，string 属性的返回值遵循如下原则：

● 如果标签内部没有其他标签，则 string 属性返回其中的内容；

● 如果标签内部有其他标签，但只有一个标签，则 string 属性返回最里面标签中的内容；

● 如果标签内部有超过一层嵌套的标签，则 string 属性返回 None（空字符串）。

可以尝试输出查看 title 标签中所包含的文本：

```
print(soup.title.string)
```

输出结果为：

```
新浪首页
```

直接使用标签名来调用时，只能返回页面的第一个标签，但是当需要列出标签对应的所有内容或者需要找到非第一个标签时，就需要用到 BeautifulSoup 的 find()和 find_all()方法。这两个方法会遍历整个 HTML 文档，然后按照条件返回标签内容，其语法格式为：

```
find_all(name,attrs,recursive,string,limit)
```

作用：根据参数找到对应标签，返回列表类型。

参数：

● name：按照标签名字进行检索，名字用字符串形式表示，如 div、td；

● attrs：按照标签属性值进行检索，需要列出属性的名称和值，用 JSON 表示；

● recursive：设置查找层次，只查找当前标签的下一层时使用 recursive=False；

● string：按照关键字检索 string 属性的内容，用 string='检索文本'表示；

● limit：返回结果的个数，默认返回全部结果。

可以尝试使用 re 正则表达式模块来实现字符串片段匹配。正则表达式的高级应用不再详细介绍，有兴趣的读者可以查阅 re 模块的相关资料。

```
import re                            #引入正则表达式模块
s= re.compile('新浪')                #正则表达式匹配规则为包含"新浪"二字的文本
subtitle= soup.find_all(string=s)   #查找所有标签内文本符合该正则表达式的标签内容
print(subtitle)
```
输出结果略。

3.5.4　Python 数据整理、清洗与可视化

　　网络爬虫是获取数据的方式之一，当然还有很多其他方式也能获得大量数据。随着信息处理技术的不断发展，各行各业已建立了很多计算机信息系统，积累了大量的数据。但仅仅掌握数据还是不够的，人们常常抱怨"数据丰富，信息贫乏"，必须通过分析挖掘数据，才能获得所需的信息。遗憾的是，存储在数据库或文件中的数据，它们的格式和内容并非总能恰好满足当前的数据分析任务，再加上数据在获取的过程中存在各种各样的问题，如数据输入错误、不同来源数据引起的不同表示方法、数据间的不一致等，导致现有的数据中存在这样或那样的脏数据。因此在实际的数据分析建模工作中，大部分的时间都花在了数据预处理上，以提高数据的质量。数据预处理具体包括数据集的合并、重塑、格式转换，发现并纠正数据文件中可识别的错误，如移除重复数据，处理缺失值和空格值，检测和过滤异常值，检查数据一致性等一系列的数据清洗和整理工作。

　　在 Python 的第三方库中，pandas 尤其适合进行数据清洗整理等工作，它提供了一组灵活、高效的核心函数和算法，能帮助开发者轻松地将数据规整化为适用的形式。

　　当数据被加工成信息后，信息的表示方式直接影响人们对数据的理解。数据可视化，就是利用可视化的方式（如图形、表格）将数据形象地展示出来，以更好地帮助阅读者掌握直观信息。数据可视化经常用于数据探索、数据结果展示、数据报告等方面，可以帮助人们对数据有更全面的认识。

　　Python 常用的数据可视化库包括 matplotlib、Seaborn、Pyecharts 等。简单的数据可视化图表有柱形图、条形图、折线图、饼图、面积图、散点图、热力图、箱型图等，还有更为复杂的等高线图、雷达图、漏斗图，以及近几年流行的词云等。

　　数据经过挖掘处理得到有价值的信息之后，又为机器学习提供了素材。机器学习，就是计算机通过学习过往数据，利用特定的计算机算法获得数据模型，从而利用该模型对未来的情况做出有效决策。随着大数据的积累、算法的改进、硬件的提升，人工智能可以在很多细分的领域成为专家，辅助人类甚至超过人类。近些年著名的机器学习案例就是 2016 年 Alpha Go 在围棋比赛中击败李世石。其他机器学习的应用还有智能推荐、语音识别、路线规划等。由于篇幅所限，对于数据整理、数据可视化、机器学习等内容不再提供具体案例和代码。

▶ 3.6　小结

　　本章介绍了 Python 在人工智能领域的独特优势和基本用法，讲解了 Python 解释器的安装、PyCharm 集成开发环境的搭建；介绍了 Python 语言的基本语法、模块的使用；并以网络爬虫为例介绍了数据从获取、处理、挖掘有价值信息，到后期的机器学习和人工智能应用的基本原理和实现过程。

3.7 习题

一、选择题

1. 下列选项中，不属于 Python 语言特点的是（　　）。

   A. 简单易学　　　　　B. 开源　　　　　C. 面向过程　　　　　D. 可移植性

2. 下列领域中，使用 Python 可以实现的是（　　）（多选）。

   A. Web 开发　　　　　　　　　　　　B. 操作系统管理

   C. 科学技术　　　　　　　　　　　　D. 游戏

3. 下列关于 Python 的说法中，错误的是（　　）。

   A. Python 是从 ABC 发展起来的

   B. Python 是一门高级的计算机语言

   C. Python 是一门只面向对象的语言

   D. Python 是一门代表简单主义思想的语言

4. 下列数据中，不属于字符串的是（　　）。

   A. 'ab'　　　　　　　B. '''perfect'''　　　　C. "52wo"　　　　　D. abc

5. 下列数据类型中，不支持截取操作的是（　　）。

   A. 字符串　　　　　　B. 列表　　　　　　C. 字典　　　　　　D. 元组

6. 下面关于函数的说法中，错误的是（　　）。

   A. 函数可以减少代码的重复，使得程序更加模块化

   B. 在不同的函数中可以使用相同名字的变量

   C. 调用函数时，传入参数的顺序和函数定义时的顺序可以不同

   D. 函数体中必须有 return 语句

7. 下列有关函数的说法错误的是（　　）。

   A. 函数的定义必须在程序的开头

   B. 函数定义后，其中的程序就可以自动执行

   C. 函数定义后需要调用才会执行

   D. 函数体与关键字 def 必须左对齐

8. 下列关键字中，用来引入模块的是（　　）。

   A. include　　　　B. from　　　　C. import　　　　D. continue

9. 关于引入模块的方式，错误的是（　　）。

   A. import math　　　　　　　　　　B. from fib import fibonacci

   C. from math import *　　　　　　　D. from * import fib

10. 关于面向过程和面向对象，下列说法中错误的是（　　）。

    A. 面向过程和面向对象都是解决问题的一种思路

    B. 面向过程是基于面向对象的

    C. 面向过程强调的是解决问题的步骤

    D. 面向对象强调的是解决问题的对象

二、填空题

1．Python 是一种面向_____的高级语言。

2．使用_____语句可以返回函数值并退出函数。

3．Python 序列类型包括字符串、列表、元组三种，_____是 Python 中唯一的映射类型。

4．函数可以有多个参数，参数之间使用_____分隔。

5．在函数内部定义的变量称作_____变量。

6．每个 Python 文件都可以作为一个模块，模块的名字就是_____名字。

7．字符串或列表截取的区间是左闭右_____型的，不包括结束位的值。

8．如果希望循环是无限的，我们可以通过设置条件表达式永远为_____来实现。

9．在循环体中使用_____语句可以跳出循环体。

10．Python 中使用_____pass_____表示的是空语句。

三、判断题

1．Python 是开源的，可以被移植到许多平台上。（　　　）

2．elif 可以单独使用。（　　　）

3．无论 input 接收何种数据，都会以字符串的方式进行保存。（　　　）

4．外部模块都提供了自动安装的文件，直接双击安装文件即可。（　　　）

5．Python 代码在运行过程中，会被编译成二进制代码。（　　　）

6．Python 中的标识符不区分大小写。（　　　）

7．Python 中的代码块使用缩进来表示。（　　　）

8．比较运算符用于比较两个数，其返回值只能是 True 或 False。（　　　）

9．Python 中字符串的下标是从 1 开始的。（　　　）

10．通过下标索引可以修改和访问元组的元素。（　　　）

四、简答题

1．简述 Python 的应用领域。

2．简述网络爬虫的基本原理。

3．简述什么是机器学习。

五、编程题

1．请编写一个程序，实现输入一个直角三角形的两个直角边的长度 a 和 b，求斜边 c 的长度。

2．编写一个加密程序，实现用户输入一个字符串，将下标为偶数的字符提出来合并成一个新的字符串 A，再将下标为奇数的字符提出来合并成一个新的字符串 B，再将字符串 A 和字符串 B 合并起来输出。

3．请编写一个程序，实现删除列表重复元素的功能。

第 4 章　人工智能神机妙"算"

"数据、算法、算力"是人工智能的三大要素，其中算法（主要是机器学习算法）是人工智能的核心，是使计算机具有智能的根本途径。在大数据、大算力的支持下，人工智能发挥了巨大的威力，带来了令人震惊的应用效果，也极大地改变了人们生活的方方面面。机器学习算法是使用计算机来模拟人类学习行为的实现过程，通过对经验（大数据）的学习，自动改进算法性能，实现对事件的预测和分类能力。

章节学习目标

☑ 理解人工智能算法的概念；

☑ 掌握一元线性回归算法应用原理；

☑ 掌握多元线性回归算法应用原理；

☑ 掌握逻辑回归算法应用原理。

4.1　人工智能与算法

4.1.1　人工智能算法

1．发展历史

几十年来，人们对于人工智能的研究思路一直争论不断，形成了众多研究流派，最终，通过合作与融合形成了目前人工智能的格局。人工智能算法的发展史如图 4-1 所示，这里给出了机器学习方法的演化之路及未来可能的模样。

2．工作方式

计算机通过对大量数据进行分析得到数据之间的关系（模型），以模拟人类从经验中认识事物的学习方法。比如通过对人们在超市的购买数据进行训练，归纳出不同人在不同季节、不同天气、不同环境下的购买模型，帮助超市预测和安排未来的采购计划。因此，机器学习是一种重在寻找数据中的模式并使用这些模式来做出预测的研究和算法的门类。

具体来说，为了实现对目标事务的预测或分类，需要采集大量目标事务的相关特征数据，对这些数据进行训练，学习识别数据中的关系、趋势和模式，并不断优化算法，得到最佳预测或分类模型，再应用模型解决实际问题，替代人脑做出判断。机器学习工作方式的具体描述如图 4-2 所示。

使用架构：云计算和雾计算
主导理论：感知的时候有网络
　　　　　推理和工作的时候有规则
应用领域：简单感知、推理和行动

使用架构：大型服务器农场
主导理论：神经科学和概率
典型算法：神经网络
应用领域：识别

2020年代
联结主义+符号主义
+贝叶斯+…

2040年代+
算法融合

使用架构：服务器或大型机
主导理论：知识工程
典型算法：规则和决策树
应用领域：基本决策逻辑

2010年代早期到中期
联结主义
使用概率矩阵和加权
神经元来动态地识别
和归纳模式

2010年代末期
联结主义+符号主义

使用架构：无处不在的服务器
主导理论：最佳组合的元学习
应用领域：感知和响应

1980年代
符号主义
使用符号、规则和
逻辑来表征知识和
进行逻辑推理

1990—2000年代
贝叶斯派
获取发生的可能性来
进行概率推理

使用架构：服务云
主导理论：记忆神经网络
　　　　　大规模集成
　　　　　基于知识的推理
应用领域：简单的问答

使用架构：小型服务器集群
主导理论：概率论
典型算法：朴素贝叶斯
　　　　　马尔可夫
应用领域：分类

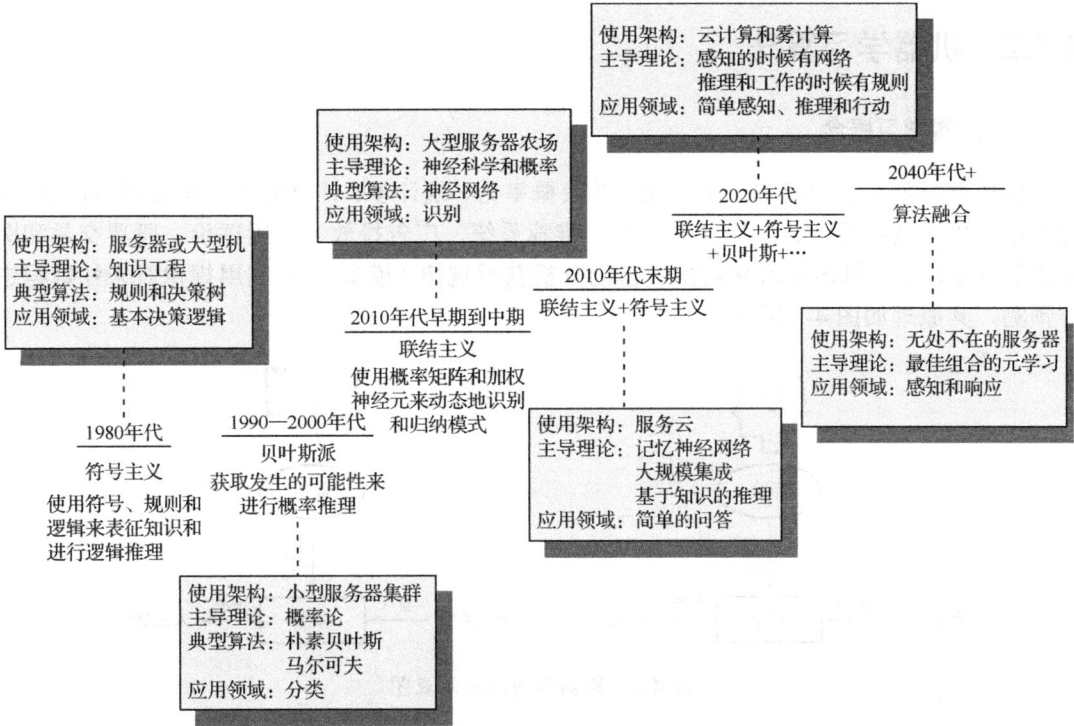

图 4-1　人工智能算法发展史

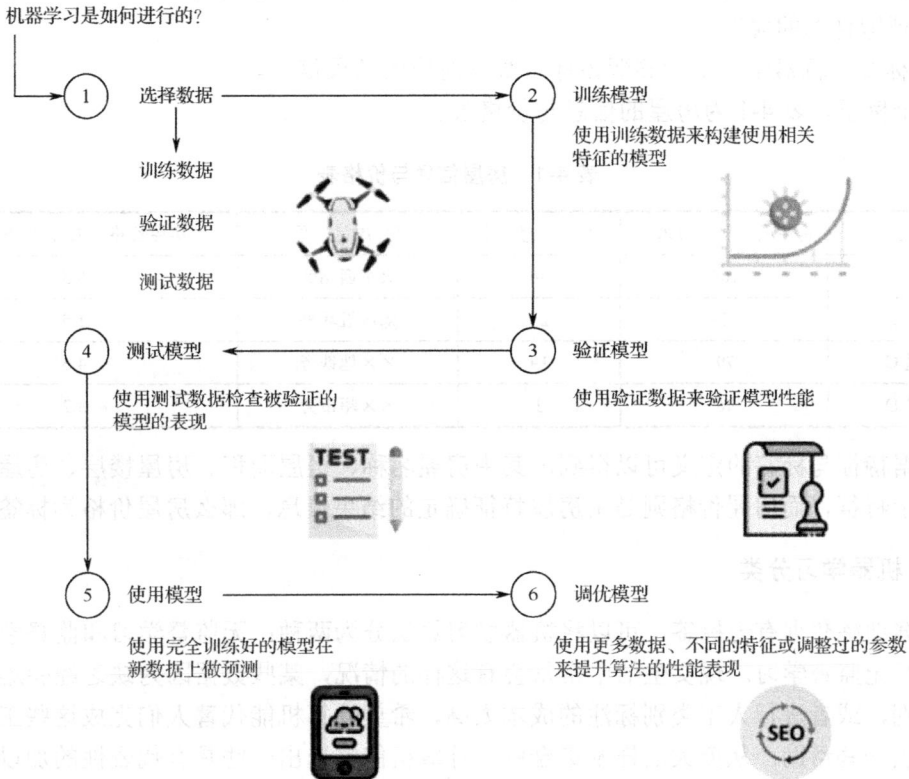

机器学习是如何进行的？

① 选择数据

训练数据

验证数据

测试数据

② 训练模型

使用训练数据来构建使用相关
特征的模型

④ 测试模型

使用测试数据检查被验证的
模型的表现

③ 验证模型

使用验证数据来验证模型性能

⑤ 使用模型

使用完全训练好的模型在
新数据上做预测

⑥ 调优模型

使用更多数据、不同的特征或调整过的参数
来提升算法的性能表现

图 4-2　机器学习工作方式

4.1.2 机器学习算法

1. 机器学习概念

机器学习是人工智能的一个分支，涉及概率论、统计学、计算复杂性理论等多门学科，被广泛应用于网络搜索、垃圾邮件过滤、推荐系统、广告投放、信用评价、股票交易和医疗诊断等应用中。机器学习从数据中自动分析获得规律（模型），并利用规律对未知数据进行预测，其原理如图 4-3 所示。

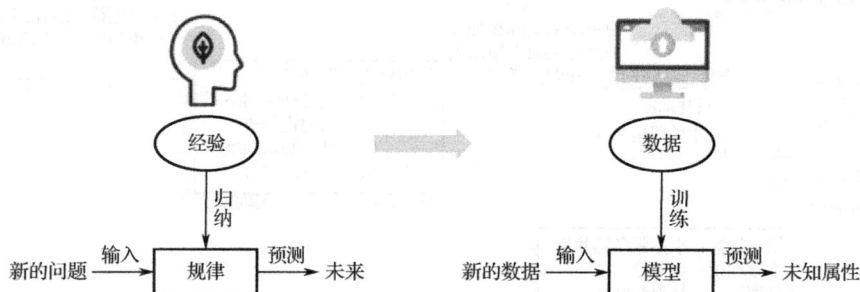

图 4-3　机器学习原理示意图

首先认识一下机器学习领域描述数据集时常用的概念：特征和标签。

- 特征：字典中对"特征"一词的解释为事物异于其他事物的特点，在机器学习中特征即样本的属性。
- 标签：机器学习中标签即该样本数据对应的结果信息。

举个例子，表 4-1 为房屋的信息与价格表。

表 4-1　房屋信息与价格表

房 屋 名 称	房屋面积（平方米）	房 屋 楼 层	房 屋 位 置	房屋价格（万元/平方米）
房屋 A	109	30	火车西站旁	5.5
房屋 B	129	25	郊区五环外	1.5
房屋 C	79	19	××地铁旁	4.6
房屋 D	96	3	××超市旁	3.2

根据特征与标签的定义可以得到，其中房屋名称、房屋面积、房屋楼层、房屋位置等属性属于特征，而房屋价格则是由房屋特征确定的结果信息，那么房屋价格为标签值。

2. 机器学习分类

根据训练数据有无标签，可以将机器学习算法分为两种：无监督学习和监督学习。

（1）无监督学习。现实生活中常常会有这样的情况，某些数据因为缺乏经验难以人工标注类别，或者进行人工类别标注的成本太高，希望计算机能代替人们完成这些工作，或至少提供一些帮助。从庞大的样本集合中，计算机能够选出一些具有代表性的加以标注，用于分类器的训练；或者先将所有样本自动分为不同的类别，再由人对这些类别进行标注；或者在无类别信息的情况下，寻找更加具有辨识性的特征。

无监督学习是利用无标签的数据来学习数据的分布或数据与数据之间的关系的算法。无监督学习里的典型应用是聚类，聚类的目的在于把相似的东西聚在一起，而并不关心这一类是什么，比如根据身高、体重信息，判断哪些人体型比较相近或相似，最终确定其为超重、偏瘦、正常中的哪个群体。

典型的聚类算法有以下几种。

① K 均值聚类。一种比较常用的聚类方法。首先，确定 K 个初始点作为质心，将数据集中的每个点分配到一个簇中，为每个点找距其最近的质心，并将其分配给该质心所对应的簇，随后，将每个簇的质心更新为该簇所有点的平均值。

② 谱聚类。首先在特征空间中应用局部保留投影算法，然后直接应用通常的 K 均值聚类方法。这种方法降低了最终聚类结果对初始值的依赖。

③ 主成分分析。一种经典的降维方法。将一个矩阵中的样本数据投影到一个新的空间中，将原来多个变量的复杂因素归结为几个主要成分，使问题简单化，使得到的结果更加科学有效。

（2）监督学习。利用有标签的训练数据来推断一个功能的机器学习任务被称为监督学习，监督学习的数据集中同时包含特征值和标签值。监督学习方法必须要有训练集与测试集，在训练集中找规律，而对测试数据运用这种规律。监督学习的应用一般包括预测和分类两种类型。常见的监督学习算法有以下几种。

① 回归算法。回归算法是利用数理统计中回归分析来确定两种或两种以上变量间相互依赖的定量关系的一种统计分析方法，用于预测输入变量和输出变量之间的关系，主要包括线性回归和逻辑回归。

② K-近邻算法。通过测量不同特征值之间的距离进行分类。当输入没有标签的新数据时，将新数据的每个特征与样本集中的数据的对应特征进行比较，然后通过算法提取样本集中特征最相似（最近邻）数据的分类标签。

③ 决策树。决策树算法的原理类似于"20 个问题"游戏：参加游戏的一方在脑海里想某个事物，其他参与者向他提问题，只允许提 20 个问题，问题的答案也只能用"对"或"错"回答。提问的人通过推断分解，逐步缩小待猜测事物的范围。在决策树算法中，用户输入一系列数据，通过算法给出决策。

④ 朴素贝叶斯。一种基于概率论的算法。在做决策时要求分类器给出一个最优的类别猜测结果，同时给出这个猜测的概率估计值。

（3）两者区别。监督学习与无监督学习的区别在于：监督学习必须要有训练集与测试样本，在训练集中找规律，而对测试样本运用这种规律；无监督学习只有训练集，只有一组数据，在该组数据集内寻找规律。监督学习的方法就是识别事物，识别的结果表现在给待识别数据加上了标签，因此，训练样本集必须由带标签的样本组成。而无监督学习方法只有要分析的数据集本身，预先没有什么标签。如果发现数据集呈现某种聚集性，则可按自然的聚集性分类，但不以与某种预先分类的标签对上号为目的。

本章将重点讲述监督学习中的回归算法，包括线性回归和逻辑回归。回归模型形式简单，易于建模，但却蕴含着机器学习中一些重要的基本思想，非常适合初学者入门学习。

4.2 一元线性回归

4.2.1 一元线性回归概念

回归这一术语最早来源于生物遗传学，研究的是某一变量（因变量）与另一个或多个变量（自变量）之间的依存关系，用自变量的已知值来估计或预测因变量的总体平均值。回归是统计学分析数据、研究数据之间关系的基本方法。从古至今，人们就一直非常注意观察事物与事物之间的关系，祖冲之在研究圆的周长与半径之间的关系时发现了 π，牛顿在研究物体落地速度与重量之间的关系时发现了重力加速度 g。

在实际生活中，事物之间也存在某种关联性，比如房屋面积与房屋价格、学习时间与学习成绩、身体各项指标与健康程度的关系等。以房价为例，房屋面积和房屋价格有明显的关系。如果使用 X 表示房屋面积，Y 表示房屋价格，那么在坐标系中可以看到这些点的分布如图 4-4 所示。可以拟合出一条贯穿这些点的直线，使得这些点比较均匀地分布在直线的两侧，如图 4-5 所示。

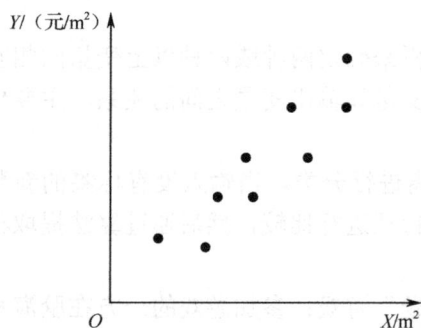

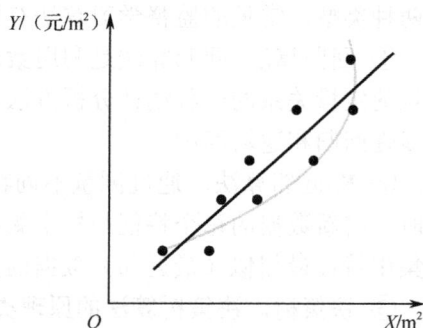

图 4-4　房屋价格与房屋面积样本分布关系图　　图 4-5　房屋价格与房屋面积拟合关系图

房屋面积可以看作自变量，房屋价格就是因变量，回归分析可以帮助人们了解在自变量变化时因变量的变化，可以由自变量估计因变量的条件期望。只包括一个自变量和一个因变量，且二者的关系可用一条直线近似表示时，这种回归分析称为一元线性回归。

4.2.2 一元线性回归算法

1. 预测模型

一元线性回归算法的实现过程就是求解这条拟合直线的过程，假设表示这条直线的方程如下：

$$Y = WX + b, X = (x_1, x_2, \cdots, x_n)$$

其中 X 代表 n 个输入变量，在房屋价格的案例中，X 代表 n 个不同的房屋面积，Y 代表预测值，即不同房屋面积对应的房屋价格。W 是直线的斜率，b 为直线的截距，其几何意义如图 4-6 所示。一元线性回归求解就是求解系数 W 和 b 的最佳估计值，使得预测值 Y 的误差最小。只要 W 和 b 这两个系数确定了，直线方程也就确定了，就可以把要预测的 X 值代入方程来求得对应的 Y 值了。

2．损失函数

那么如何获得 W 和 b 的最佳估计值，使得预测的值最接近真值呢？这就需要创建损失函数，计算预测值与真值的差距。最理想的回归直线应该尽可能从整体来看最接近各实际观察点，即因变量的实际值与相应的回归估计值的离差整体来说最小。由于离差有正有负，正负会相互抵消，通常采用观测值与对应估计值之间的离差平方总和来衡量全部数据总的离差大小。因此，回归直线应满足的条件是：全部观测值与对应的回归估计值的离差平方的总和最小。损失函数公式如下：

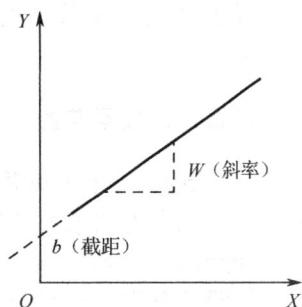

图 4-6　直线方程

$$\sum_{i=1}^{n}(y_i - y_i')^2 = \sum_{i=1}^{n}(y_i - (Wx_i + b))^2$$

其中，n 表示样本的数量，y_i' 是第 i 个预测值，y_i 是第 i 个真值，x_i 是第 i 个样本输入特征值。

3．求解参数

这种计算损失的方式被称为最小二乘法（又称最小平方法），即通过最小化误差的平方和寻找数据的最佳函数匹配。对于参数单一的一元线性回归损失函数来说，求解参数并不困难，求解理论也十分简单。既然是求最小误差平方和，令其导数为 0 即可得出回归系数，因此最终得到的推导结果如下：

$$W = \frac{n\sum x_i y_i - \sum x_i \sum y_i}{n\sum x_i^2 - (\sum x_i)^2}$$

$$b = \frac{\sum y_i}{n} - W\frac{\sum x_i}{n}$$

其中，n 表示样本的数量，y_i 是第 i 个真值，x_i 是第 i 个样本输入特征值。

4．调用接口 API

scikit-learn（简称 sklearn）是基于 Python 语言的机器学习项目，是一款简单高效的数据挖掘和数据分析工具，是建立在 NumPy、SciPy 和 matplotlib 上的开源库。sklearn 库对常用的机器学习方法进行了封装，包括回归、降维、分类、聚类等。其中，linear_model 是 sklearn 中的线性回归模块，Linear Regression 是该模块中的线性回归模型，使用时首先要导入模型和定义模型，然后将样本数据与特征数据输入模型并进行训练，最后使用模型进行预测。

4.2.3 案例分析

以上面的房屋价格为研究案例，利用一元线性回归算法模拟房屋面积与房屋价格的关系。

步骤一：数据准备

（1）导入库。pyplot 库可以用于绘制图表，将数据可视化。DataFrame 库为线性回归算法提供更加方便的数据类型。

```
import matplotlib.pyplot as plt          #用于图像可视化
from pandas import DataFrame, Series      #用于数组操作
```

（2）构造数据集，特征为房屋面积，标签为房屋价格，并输入一定量的已知数据用于训练和测试。

```
# 构造数据集，特征为房屋面积，标签为房屋价格
Dict = {'面积': [150, 200, 250, 300, 350, 400, 600],
        '价格': [6450, 7450, 8450, 9450, 11450, 15450, 18450]}
```

（3）使用 print 函数输出数据集，观察数据存储格式。

```
print(Dict)
```

输出 Dict 数据集的结果如图 4-7 所示。

```
{'面积': [150, 200, 250, 300, 350, 400, 600], '价格': [6450, 7450, 8450, 9450, 11450, 15450, 18450]}
```

图 4-7　Dict 数据集输出结果

（4）格式转换。将 Dict 数据集转换为 DataFrame 数据格式的 Df，用于后面的线性回归算法处理。

```
Df = DataFrame(Dict)
```

（5）使用 pyplot 将数据集以散点图的方式进行可视化，输出结果如图 4-8 所示。

```
plt.scatter(Df['面积'], Df['价格'], color='b', label="Data")
plt.xlabel('Area')          #添加图的标签（X轴）
plt.ylabel('Price')         #添加图的标签（Y轴）
plt.legend(loc=2)           #图像维度
plt.show()                  #显示图像
```

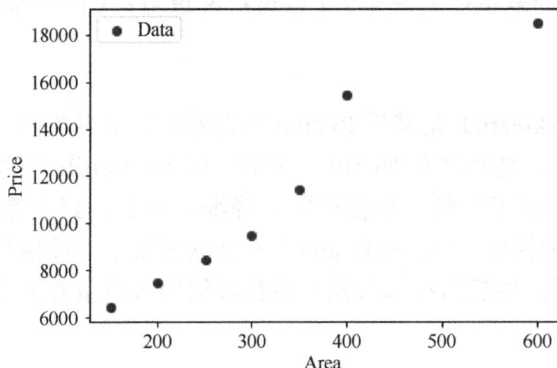

图 4-8　数据集 Df 可视化

步骤二：数据分析

（1）划分数据集。引入 sklearn 库的 train_test_split 函数，该函数可以自动划分数据集。

```
from sklearn.model_selection import train_test_split #导入数据划分库
X = Df["面积"]        #定义数据特征项
Y = Df["价格"]        #定义数据标记项
```

（2）将原数据集使用 train_test_split 函数拆分成训练集和测试集，得到的 X_train 为训练样本特征，X_test 为测试样本特征，Y_train 为训练数据标签，Y_test 为测试数据标签。输入参数 train_size 为训练数据占比，random_state 为随机数种子。

```
X_train, X_test, Y_train, Y_test = train_test_split(X, Y, train_size=0.8,
random_state=5)
print("X: 原始数据特征:", X.shape, ",训练数据特征:", X_train.shape, ",测试数据
特征:", X_test.shape)
print("Y: 原始数据标签:", Y.shape, ",训练数据标签:", Y_train.shape, ",测试数据
标签:", Y_test.shape)
```

划分数据集后的输出结果如图 4-9 所示。

```
X: 原始数据特征: (7,) ,训练数据特征: (5,) ,测试数据特征: (2,)
 : 原始数据标签: (7,) ,训练数据标签: (5,) ,测试数据标签: (2,)
```

图 4-9 划分数据集输出结果

（3）将训练数据集和测试数据集以散点图的方式进行可视化，训练样本显示为蓝色，测试样本显示为红色。

```
plt.scatter(X_train, Y_train, color="blue", label="train data")
plt.scatter(X_test, Y_test, color="red", label="test data")
# 添加图表标签
plt.rcParams['font.sans-serif']=['SimHei']  #用来正常显示中文标签
plt.legend(loc=2)
plt.xlabel("Area")
plt.ylabel("Price")
plt.title("数据拆分")
plt.show() #显示图像
```

训练样本和测试样本可视化输入结果如图 4-10 所示。

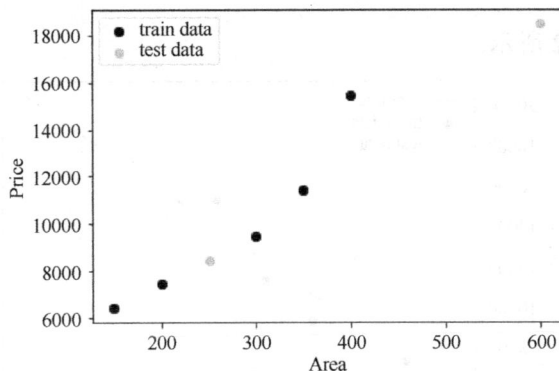

图 4-10 训练样本和测试样本可视化

步骤三：模型训练

（1）导入 LinearRegression 函数进行模型训练，定义模型 model，并将 X_train 和 X_test 调整成 *N* 行 1 列的数据格式。

```
from sklearn.linear_model import LinearRegression
model = LinearRegression()   #定义模型
X_train = X_train.values.reshape(-1, 1)
X_test = X_test.values.reshape(-1, 1)
```

（2）使用模型 model 开始拟合训练，将训练样本的特征和标签传入模型进行训练。

```
model.fit(X_train, Y_train)
```

步骤四：预测

（1）使用模型 model 进行预测，并显示预测结果。

```
y_train_pred = model.predict(X_test)
print("预测结果")
print(y_train_pred)
```

预测结果如图 4-11 所示。

```
预测结果
[20543.02325581  9066.27906977]
```

图 4-11　预测结果

（2）模型可视化，使用 plot 函数绘制最佳拟合线。

```
plt.plot(X_test, y_train_pred, color='black', linewidth=1, label="best line")
# 测试数据散点图
plt.scatter(X_train, Y_train, color='b', label="train data")
plt.scatter(X_test, Y_test, color='r', label="test data")
# 添加图表标签，loc 代表象限
plt.legend(loc=2)
# 添加横坐标、纵坐标
plt.xlabel("Area")
plt.ylabel("Price")
plt.show()
```

显示结果如图 4-12 所示。

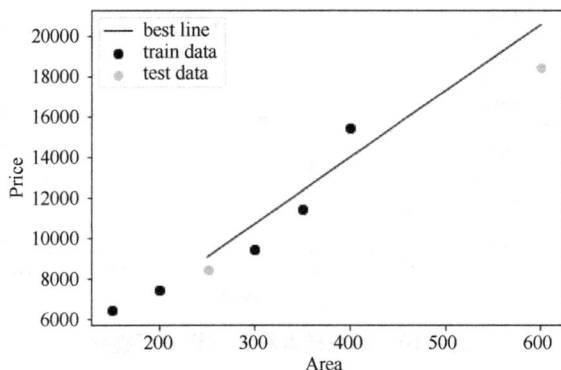

图 4-12　最佳拟合线可视化

从上面的案例可以看出，一元线性回归算法非常好理解，但是也有明显的不足之处：

- 数据量太少，预测的误差可能较大；
- 影响因素太单一，影响房屋价格不止房屋面积这一个因素，肯定还有很多其他因素，这里没有把其他因素考虑进去，导致预测的结果也是不准确的。

在现实生活中，一元线性回归的例子还是很少的，多元线性回归比一元线性回归更有实际应用价值，也更贴近实际需求。

4.3　多元线性回归

4.3.1　多元线性回归概念

如果回归分析中包括两个或两个以上的自变量，且因变量和自变量之间是线性关系，则称为多元线性回归，也叫多变量线性回归分析。如果一元线性回归的关系可以用直线来描述，那么多元线性回归用什么来描述呢？多元线性回归与一元线性回归在思想上并没有太大的区别，不过是多了一些变量，考虑问题的角度要从之前的二维空间进阶到高维空间。因此，多元线性回归在几何层面上可以用由各个维度的直线组成的平面来描述，多个自变量（特征值）比较均匀地分布在这个平面附近，如图 4-13 所示。

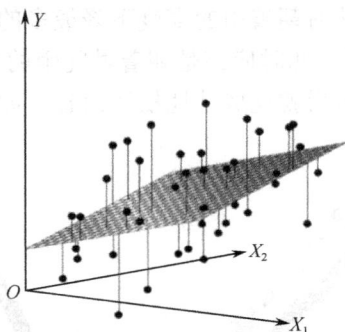

图 4-13　多元线性回归关系图

4.3.2　多元线性回归算法

1. 预测模型

多元线性回归的几何描述是 N 维空间中的一个平面，假设平面方程如下：

$$h_\theta(x) = \theta_0 + \theta_1 x_1 + \theta_2 x_2 + \cdots + \theta_n x_n$$

其中，n 表示特征数目，也就是变量的个数，x_i 表示每个训练样本第 i 个特征的值。为了方便，使用向量的方式将上面的方程简化为：

$$h_\theta(x) = \boldsymbol{\theta}^T \boldsymbol{x}^T$$

其中，$\boldsymbol{\theta}^T = [\theta_0, \theta_1, \theta_2 \cdots, \theta_n]^T$，表示 n 维参数向量矩阵；$\boldsymbol{x}^T = [x_0, x_1, x_2 \cdots, x_n]^T$，表示 n 维样本向量矩阵。多元线性回归分析的任务，就在于依据连续的 $x = \{x_1, x_2, x_3, \cdots, x_n\}$ 个特征，以

及连续的标签的样本，求解回归系数，也就是预计函数 h 的 θ^T 参数向量的最佳估计值，使得预测值 Y 的误差最小。

2．损失函数

与一元线性回归损失函数类似，计算预测值与真值差距的损失函数使用均方误差的形式表示，损失函数公式如下：

$$J(\theta_0,\theta_1,\cdots,\theta_n)=\frac{1}{2m}\sum_{i=1}^{m}(h_\theta(x^i)-y^i)^2$$

其中，m 表示样本的数量，$h_\theta(x^i)$ 是第 i 个预测值，y^i 是第 i 个真值。

3．求解参数

虽然都是求解最小二乘问题，但多元线性回归比一元线性回归的参数情况复杂得多，需要采用更快速、更有效的求解方案——梯度下降法算法，得到最小化的损失函数和模型参数值。

其基本思想可以类比为一个下山的过程，假设这样一个场景：一个人被困在山上，需要从山上下来（找到山的最低点，也就是山谷），但此时山上的浓雾很大，能见度很低，因此，下山的路径就无法确定，他必须利用自己周围的信息去寻找下山的路径。这个时候，他就可以利用梯度下降算法来帮助自己下山。具体来说就是以他当前所处的位置为基准，寻找这个位置最陡峭的地方，然后朝着山的高度下降最多的地方走（同理，如果我们的目标是上山，也就是爬到山顶，那么此时应该是朝着最陡峭的方向往上走）。然后每走一段距离，都反复采用同一个方法，最后就能成功地抵达山谷，如图 4-14 所示。

图 4-14　梯度下降算法示意图

在微积分里面，对多元函数的参数求偏导数，把求得的各个参数的偏导数以向量的形式写出来，就是梯度。比如函数 $f(x,y)$，分别对 x,y 求偏导数，求得的梯度向量就是 $\left(\frac{\partial f}{\partial x},\frac{\partial f}{\partial y}\right)^T$，梯度向量的几何意义就是函数值变化最快的地方。具体来说，对于函数 $f(x,y)$，在点 (x_0,y_0) 沿着梯度向量的方向，就是 $\left(\frac{\partial f}{\partial x_0},\frac{\partial f}{\partial y_0}\right)^T$ 的方向，是 $f(x,y)$ 增加最快的地方。或者说，沿着梯度向量的方向，更加容易找到函数的最大值。反过来说，沿着梯度向量相反的方向，也就

是 $-\left(\dfrac{\partial f}{\partial x_0}, \dfrac{\partial f}{\partial y_0}\right)^{\mathrm{T}}$ 的方向，梯度减小最快，也就更加容易找到函数的最小值。

梯度下降算法的具体求解过程如下。

（1）确定当前位置的损失函数的梯度，对于 θ_i，其梯度表达式如下：

$$\frac{\partial}{\partial \theta_i} J(\theta_0, \theta_1, \cdots, \theta_n)$$

（2）用步长乘以损失函数的梯度，得到当前位置下降的距离，即 $\alpha \dfrac{\partial}{\partial \theta_i} J(\theta_0, \theta_1, \cdots, \theta_n)$，对应前面登山例子中的某一步。

（3）确定是否所有的 $\theta_i (i=0,1,\cdots,n)$ 梯度下降的距离都小于某个值 ε，如果小于 ε 则算法终止，当前所有的 $\theta_i (i=0,1,\cdots,n)$ 即为最终结果。否则进入步骤（4）。

（4）更新所有的 θ，对于 θ_i，其更新表达式如下。更新完毕后继续转入步骤（1）。

$$\theta_i = \theta_i - \alpha \frac{\partial}{\partial \theta_i} J(\theta_0, \theta_1, \cdots, \theta_n)$$

4.3.3 案例分析

波士顿房价预测是非常典型的多元线性回归案例。波士顿房价数据集（Boston House Price Dataset）包含对房价的预测（以千美元计数），给定的条件是房屋及其相邻房屋的详细信息，通过进行线性回归分析就可以预测波士顿房价数据。由于 sklearn 机器学习包中已经自带了该数据集，故可以直接引用该数据集，获取其中某两列数据，对其进行分析预测。

该数据集从 1978 年开始统计，涵盖了波士顿不同郊区房屋 14 种特征信息，共有 506 行数据、13 个输入变量和 1 个输出变量，如表 4-2 所示。

表 4-2　波士顿房价数据集

序　号	特 征 名 称	说　　　明
1	CRIM	城镇人均犯罪率
2	ZN	住宅用地所占比例
3	INDUS	城镇非零售商用土地的比例
4	CHAS	查理斯河虚拟变量（1 表示该区毗邻查理斯河，0 表示相反情况），用于回归分析
5	NOX	一氧化氮浓度
6	RM	住宅平均房间数
7	AGE	1940 年之前建成的自用房屋比例
8	DIS	到波士顿五个中心区域的加权距离
9	RAD	辐射性公路的接近指数
10	TAX	每 10000 美元的全值财产税率
11	PTRATIO	城镇中师生比例
12	B	城镇中黑人的比例

续表

序　号	特征名称	说　明
13	LSTAT	人口中低收入者的比例
14	MEDV	自住房的平均房价，以千美元计数

步骤一：数据导入

（1）导入波士顿房价数据集。

```
from sklearn.datasets import load_boston
print(load_boston().feature_names)   #查看属性名称
```

（2）输出 14 个特征名称，如图 4-15 所示。

```
['CRIM' 'ZN' 'INDUS' 'CHAS' 'NOX' 'RM' 'AGE' 'DIS' 'RAD' 'TAX' 'PTRATIO'
 'B' 'LSTAT']
```

图 4-15　特征名称

（3）定义特征项和标签项。

```
X = load_boston().data      #定义特征项
y = load_boston().target    #定义标签项
```

（4）显示数据。

```
import pandas as pd
df = pd.DataFrame(X, columns=load_boston().feature_names)
print(df.head(10))             #显示前 10 个数据样本
```

显示结果如图 4-16 所示。

```
      CRIM    ZN  INDUS  CHAS    NOX     RM   AGE     DIS  RAD    TAX  \
0  0.00632  18.0   2.31   0.0  0.538  6.575  65.2  4.0900  1.0  296.0
1  0.02731   0.0   7.07   0.0  0.469  6.421  78.9  4.9671  2.0  242.0
2  0.02729   0.0   7.07   0.0  0.469  7.185  61.1  4.9671  2.0  242.0
3  0.03237   0.0   2.18   0.0  0.458  6.998  45.8  6.0622  3.0  222.0
4  0.06905   0.0   2.18   0.0  0.458  7.147  54.2  6.0622  3.0  222.0
5  0.02985   0.0   2.18   0.0  0.458  6.430  58.7  6.0622  3.0  222.0
6  0.08829  12.5   7.87   0.0  0.524  6.012  66.6  5.5605  5.0  311.0
7  0.14455  12.5   7.87   0.0  0.524  6.172  96.1  5.9505  5.0  311.0
8  0.21124  12.5   7.87   0.0  0.524  5.631 100.0  6.0821  5.0  311.0
9  0.17004  12.5   7.87   0.0  0.524  6.004  85.9  6.5921  5.0  311.0

   PTRATIO       B  LSTAT
0     15.3  396.90   4.98
1     17.8  396.90   9.14
2     17.8  392.83   4.03
3     18.7  394.63   2.94
4     18.7  396.90   5.33
5     18.7  394.12   5.21
6     15.2  395.60  12.43
7     15.2  396.90  19.15
8     15.2  386.63  29.93
9     15.2  386.71  17.10
```

图 4-16　前 10 个样本数据显示结果

（5）查看是否存在空值，检测数据中空值的比例，如果有过多空值，需要做一些处理。

```
df.info() #查看空值
```

显示结果如图 4-17 所示，可以看出没有空值存在。

图 4-17　查看空值显示结果

步骤二：数据处理

（1）定义各个特征的区间值。

```
field_cut = {
    'CRIM' : [0,10,20, 100],
    'ZN' : [-1, 5, 18, 20, 40, 80, 86, 100],
    'INDUS' : [-1, 7, 15, 23, 40],
    'NOX' : [0, 0.51, 0.6, 0.7, 0.8, 1],
    'RM' : [0, 4, 5, 6, 7, 8, 9],
    'AGE' : [0, 60, 80, 100],
    'DIS' : [0, 2, 6, 14],
    'RAD' : [0, 5, 10, 25],
    'TAX' : [0, 200, 400, 500, 800],
    'PTRATIO' : [0, 14, 20, 23],
    'B' : [0, 100, 350, 450],
    'LSTAT' : [0, 5, 10, 20, 40]
}
```

（2）继续使用 pd.concat 方法连接新字段表格与原表格，将合并后的新表格赋值给 new_df。

```
cut_df = pd.DataFrame() #格式转换
for field in field_cut.keys():
    cut_series = pd.cut(df[field], field_cut[field], right=True)
    onehot_df = pd.get_dummies(cut_series, prefix=field)
    cut_df = pd.concat([cut_df, onehot_df], axis=1)
new_df = pd.concat([df, cut_df], axis=1)
new_df.head() #查看数据
```

（3）查看数据的结果如图 4-18 所示。

图 4-18　连接表格显示结果

步骤三：模型训练

（1）导入相关库。使用 sklearn.linear_model 的 LinearRegression 方法进行模型训练，使用 sklearn.model_selection 中的 KFold 方法进行交叉验证。

```
from sklearn.linear_model import LinearRegression
from sklearn.model_selection import KFold
import numpy as np
```

（2）分割数据。

```
X = new_df.values
score_list = [ ]
kf = KFold(n_splits=5, shuffle=True)   #n_splits 代表重复 5 次实验
```

（3）分组进行模型训练，迭代优化算法，并进行模型评估。

```
for train_index, test_index in kf.split(X):
    train_X = X[train_index]           #训练样本特征
    test_X = X[test_index]             #测试样本特征
    train_y = y[train_index]           #训练样本标签
    test_y = y[test_index]             #测试样本标签
    linear_model = LinearRegression()
    linear_model.fit(train_X, train_y)              #模型训练
    score = linear_model.score(test_X, test_y)      #模型评估
    score_list.append(score)
    print("模型得分: ")
    print(score)
np.mean(score_list)                    #取平均值
```

各组模型评估得分及平均分如图 4-19 所示。

图 4-19　各组模型评估得分及平均分显示结果

步骤四：模型预测

使用模型对测试数据进行预测，并将结果可视化。

```
y_pre = linear_model.predict(test_X)               #使用模型预测
test_y = pd.DataFrame(test_y)                      #格式转换
y_pre = pd.DataFrame(y_pre)
# 绘制测试数据散点图
import matplotlib.pyplot as plt
plt.rcParams['font.sans-serif']=['SimHei']         #用来正常显示中文标签
plt.rcParams['axes.unicode_minus']=False           #用来正常显示负号
plt.plot(test_y, color='blue', marker='o', label='true_price')
plt.plot(y_pre, color='red', marker='.', label='predict')
# 添加图表标签，loc 代表象限
```

```
plt.legend(loc=2)
plt.show()
```

预测结果可视化的显示结果如图 4-20 所示。

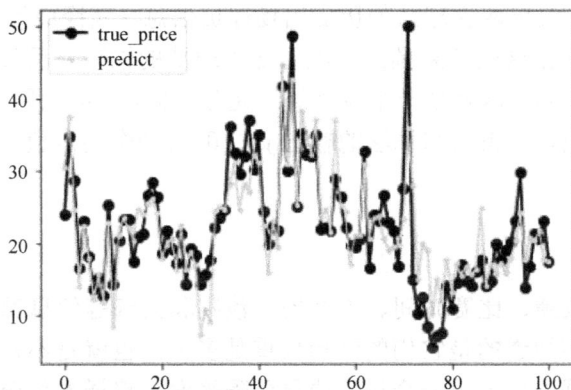

图 4-20 预测结果可视化显示结果

4.4 逻辑回归

4.4.1 逻辑回归概念

首先来看一下下面两组案例有什么区别？

第一组案例：

（1）销售经理希望预测一位给定的顾客在商场的一次购物期间将花多少钱？

（2）房地产开发商人希望预测 2025 年的房价范围？

（3）雷达研发人员想要根据目标的运动轨迹，预测下一时刻目标的位置坐标？

第二组案例：

（1）银行贷款员需要分析数据，以搞清楚哪些贷款申请者是"安全的"，哪些是"冒险的"？

（2）销售经理需要分析数据，以便帮助他猜测具有某些特征的客户是否会购买新的计算机？

（3）医学研究人员希望分析病人身体各个指标数据，以便预测病人是否有患糖尿病的风险？

可以发现，第一组案例的预测目标都是连续的数值型数据，属于多元线性回归的范畴。第二组案例的预测目标是离散的，可以表示对样本的某种分类，如安全/冒险、是/否、患病/健康等，这就是最常见的二分类逻辑回归。

由于逻辑回归算法简单、可并行化、可解释性强，因此深受工业界喜爱，常被用于数据挖掘、疾病自动诊断、经济预测等领域，比如寻找某一疾病的危险因素，预测在不同的自变量情况下，患有某种疾病或发生某种情况的概率有多大，判断某人属于某种疾病或属于某种情况的概率有多大。

4.4.2 逻辑回归算法

假设有一场球赛，收集两支球队的历史出场球员信息、交锋成绩、比赛时间、主客场、裁判和天气等信息，根据这些信息预测本次比赛中球队的输赢。假设比赛结果记为 y，赢球标记为 1，输球标记为 0，这就是一个典型的二元分类问题，可以用逻辑回归算法来解决。从这个例子里可以看出，逻辑回归算法的输出 $y \in \{0,1\}$ 是个离散值，这是与线性回归算法的最大区别。

1. 预测模型

球员信息、交锋成绩、比赛时间、主客场、裁判和天气等信息都是影响比赛结果的因素，是样本特征，但不知道的是它们的影响权重是多大，也就是不知道模型的参数矩阵，需要从大量的样本数据中拟合出一个最佳边界分隔平面，将样本集分隔成 0 和 1 的两类，如图 4-21 所示。

因此，需要构建这样一个预测函数模型，使其输出值在[0, 1]之间。然后选择一个基准值，如 0.5，如果算出来的预测值大于 0.5，就认为其预测值为 1，反之则认为其预测值为 0。Sigmoid 函数就非常适合这样的预测函数，其公式为 $S(x) = 1/(1 + e^{-x})$，可以将任何实数映射到[0,1]的区间，特别适合进行二元分类，其函数曲线如图 4-22 所示。

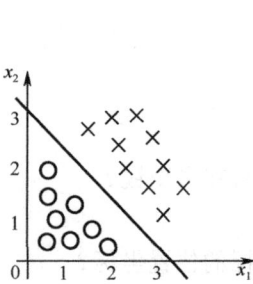

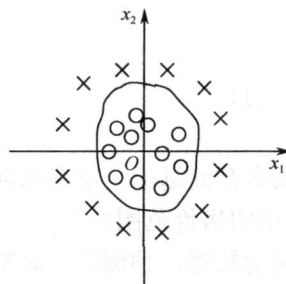

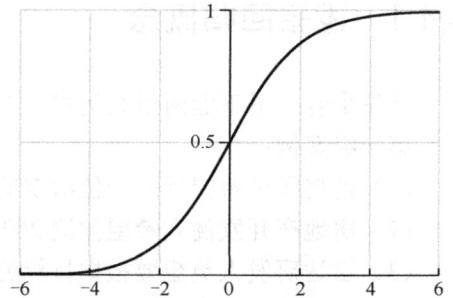

图 4-21　边界分割线　　　　　　图 4-22　Sigmoid 函数曲线

现在需要把输入特征和预测函数结合起来，联想到线性回归函数的预测函数 $\theta_0 + \theta_1 x_1 + \cdots + \theta_n x_n = \boldsymbol{\theta}^T \boldsymbol{x}^T$，则逻辑回归算法的预测函数如下：

$$h_\theta(x) = S(\boldsymbol{\theta}^T \boldsymbol{x}^T) = \frac{1}{1 + e^{-\boldsymbol{\theta}^T \boldsymbol{x}^T}}$$

因此，可以认为逻辑回归的输入是线性回归的输出，将 Sigmoid 函数作用于线性回归的输出得到输出结果。逻辑回归是在线性回归的基础上加了 Sigmoid 函数（非线性）映射，使得逻辑回归成了一个优秀的分类算法。本质上来说，两者都属于广义线性模型，但它们要解决的问题不一样，逻辑回归解决的是分类问题，输出的是离散值；线性回归解决的是回归问题，输出的是连续值。逻辑回归原理图如图 4-23 所示。

样本特征输入				回归		逻辑回归结果		预测结果	真实结果
12.3	20.0	16		82.4		0.4		*B*	*A*
9.4	21.1	7.2	回归计算	89.1	Sigmoid	0.68		*A*	*B*
34.4	18.7	8.1	×*W*　=	80.2	⟹	0.41	⟹	*B*	*A*
10.2	16.0	12.5		81.3		0.55		*A*	*B*
5.6	10.0	6.3		90.4		0.71		*A*	*A*

图 4-23　逻辑回归原理图

2．损失函数

那么，如何去衡量逻辑回归的预测结果与真实结果的差异呢？逻辑回归的损失被称为对数似然损失，损失函数公式如下：

$$\cos t(h_\theta(x), y) = \sum_{i=1}^{m} -y_i \log(h_\theta(x)) - (1 - y_i)\log(1 - h_\theta(x))$$

其中，y_i 为真实结果，$h_\theta(x)$ 为预测结果。为什么要选择自然对数函数作为损失函数呢？那是因为，逻辑回归模型的预测函数是 Sigmoid 函数，而 Sigmoid 函数里有 e 的 n 次方运算，自然对数刚好是其逆运算，$\log(e^n) = n$，最终会推导出形式优美的逻辑回归模型参数的迭代函数，而不需要去涉及对数运算和指数函数运算。这就是选择自然对数函数作为损失函数的原因。

观察一下 log 函数的图像，图中纵坐标 $y = -\log(P)$，横坐标 $P = h_\theta(x)$，可以发现 P 值越大，$-\log(P)$ 越小，如图 4-24 所示。

通过上面的例子来计算一下损失，可以发现，当某次的预测结果与真实结果不符时，损失函数的值就会变大，相反，就会变小。当损失函数的值越大时，就意味着预测模型受到的"惩罚"越大，如图 4-25 所示。

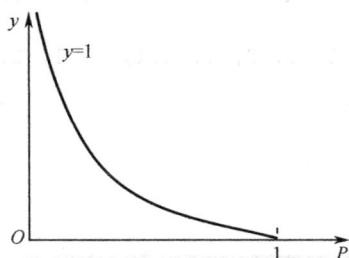

样本特征输入				回归		逻辑回归结果	真实结果
12.3	20.0	16		82.4		0.4	1
9.4	21.1	7.2	回归计算	89.1	Sigmoid	0.68	0
34.4	18.7	8.1	×*W*　=	80.2	→	0.41	1
10.2	16.0	12.5		81.3		0.55	0
5.6	10.0	6.3		90.4		0.71	1

计算损失：$-[1\log(0.4) + (1-0)\log(1-0.68) + 1\log(0.41) + (1-0)\log(1-0.55) + 1\log(0.71)]$

图 4-24　log 函数走势图　　　　图 4-25　对数似然损失计算图

3．求解参数

为了使损失函数降到最低，和线性回归类似，可以使用梯度下降算法来求解逻辑回归模型参数。根据梯度下降算法的定义，可以得出：

$$\theta_j = \theta_j - \alpha \frac{\partial J(\theta)}{\partial \theta_j}$$

这里的关键同样是求解损失函数的偏导数，最终推导出来的梯度下降算法的公式为：

$$\theta_j = \theta_j - \alpha \frac{1}{m} \sum_{i=1}^{m} (h_\theta(x^{(i)}) - y^{(i)}) x_j^{(i)}$$

这个公式的形式和线性回归算法的参数迭代公式是一样的。当然，由于这里

$h_{\theta}(x)=1/(1+\mathrm{e}^{-\theta^{\mathrm{T}}x^{\mathrm{T}}})$，而线性回归算法里 $h_{\theta}(x)=\boldsymbol{\theta}^{\mathrm{T}}\boldsymbol{x}^{\mathrm{T}}$，所以，两者的形式是一样，但是数值计算方法则完全不同。

4．逻辑回归 API 接口

在 scikit-learn 中实现逻辑回归的函数是 Logistic Regression 函数，默认将类别数量少的当作正例，也就是 1。函数原型如下：

```
sklearn.linear_model.Logistic Regression(solver='liblinear',penalty='l2', C = 1.0)
```

4.4.2 案例分析

这里以身高和体重为样本，利用逻辑回归计算出关系函数，预测是否肥胖。下面详细解释逻辑回归是如何实现的。

步骤一：数据准备

（1）导入库。

```
import numpy as np                                    #导入基础数学函数库
import matplotlib.pyplot as plt                       #导入画图库
from sklearn.linear_model import LogisticRegression   #导入逻辑回归模型函数
```

（2）创建数据集，特征为身高和体重，标签为是否肥胖。

```
# 身高和体重
x_features = np.array([[150, 40], [151, 35], [160, 50], [165, 52], [170, 55], [172, 54],[175, 60], [180, 65], [185, 70], [183, 63],[152, 50], [153, 55], [164, 60], [169, 72], [177, 85], [173, 84],[179, 70], [184, 95], [182, 80], [180, 89]])
# 肥胖标签
y_label = np.array([0, 0, 0, 0, 0, 0, 0, 0, 1, 0, 1, 1, 0, 1, 1,1, 1, 1, 1, 1])
#打印输出
print(x_features)
print(y_label)
```

输出结果如图 4-26 所示。

```
[[150  40]
 [151  35]
 [160  50]
 [165  52]
 [170  55]
 [172  54]
 [175  60]
 [180  65]
 [185  70]
 [183  63]
 [152  50]
 [153  55]
 [164  60]
 [169  72]
 [177  85]
 [173  84]
 [179  70]
 [184  95]
 [182  80]
 [180  89]]
[0 0 0 0 0 0 0 0 1 0 1 1 0 1 1 1 1 1 1 1]
```

图 4-26　数据集显示结果

3. 输出样本点

```
# 可视化构造的数据样本点
plt.figure()
plt.scatter(x_features[:,0],x_features[:,1], c=y_label, s=50, cmap='viridis')
plt.title('Dataset')
plt.show()
```

输出结果如图 4-27 所示。

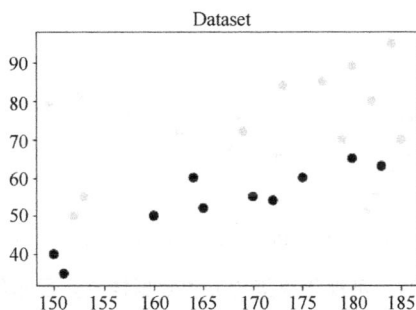

图 4-27　可视化显示结果

步骤二：模型训练

（1）调用模型并拟合。

```
# 调用逻辑回归模型
lr_clf = LogisticRegression()
# 用逻辑回归模型拟合构造的数据集
lr_clf = lr_clf.fit(x_features, y_label)
```

（2）输出模型参数。

```
# 其拟合方程为 y=w0+w1*x1+w2*x2
# 查看其对应模型的 w 参数
print('the weight of Logistic Regression:',lr_clf.coef_)
# 查看其对应模型的 w0 截距
print('the intercept(w0) of Logistic Regression:',lr_clf.intercept_)
```

输出结果如图 4-28 所示。

```
the weight of Logistic Regression: [[-0.32425853  0.54085092]]
the intercept(w0) of Logistic Regression: [22.04931849]
```

图 4-28　模型训练显示结果

步骤三：模型预测

（1）可视化决策边界和数据样本点。

```
plt.figure()
plt.scatter(x_features[:,0],x_features[:,1],c=y_label,s=50,cmap='viridis')
plt.title('Dataset')
nx, ny = 200, 100
x_min, x_max = plt.xlim()   #返回 x 轴的范围
y_min, y_max = plt.ylim()   #返回 y 轴的范围
x_grid, y_grid = np.meshgrid(np.linspace(x_min, x_max, nx),np.linspace
(y_min, y_max, ny))
```

```
z_proba = lr_clf.predict_proba(np.c_[x_grid.ravel(), y_grid.ravel()])
z_proba = z_proba[:, 1].reshape(x_grid.shape)
plt.contour(x_grid, y_grid, z_proba, [0.5], linewidths=2., colors='blue')
#可视化决策边界和数据样本点
plt.show()#显示图像
```

可视化决策边界和数据样本点显示结果如图 4-29 所示。

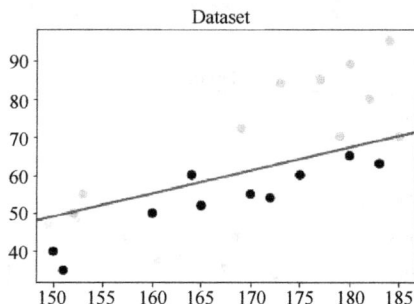

图 4-29 可视化决策边界和数据样本点显示结果

（2）模型预测，在训练集和测试集上分别利用训练好的模型进行预测。

```
y_label_new1_predict=lr_clf.predict(x_features_new1)
y_label_new2_predict=lr_clf.predict(x_features_new2)
print('The New point 1 predict class:\n',y_label_new1_predict)
print('The New point 2 predict class:\n',y_label_new2_predict)
```

输出结果如图 4-30 所示。

图 4-30 模型预测显示结果

（3）预测概率，由于逻辑回归模型是概率预测模型，所以我们可以利用 predict_proba 函数预测其概率。

```
y_label_new1_predict_proba=lr_clf.predict_proba(x_features_new1)
y_label_new2_predict_proba=lr_clf.predict_proba(x_features_new2)
print('The    New    point    1    predict    Probability    of    each class:\n',y_label_new1_predict_proba)
print('The    New    point    2    predict    Probability    of    each class:\n',y_label_new2_predict_proba)
```

输出结果如图 4-31 所示。

图 4-31 显示结果

4.5 小结

算法是人工智能的核心之一，是使计算机具有智能的根本途径。机器学习是人工智能算法中非常重要的分支，通过对大量数据的自动分析获得规律，利用规律对未知数据进行预测或分类。机器学习按照样本数据集是否具有标签，可分为监督学习和无监督学习两种。本章重点介绍了监督学习中的一元线性回归、多元线性回归及逻辑回归的概念、模型函数、损失函数及算法实现过程，并分别给出了详细的应用案例分析，帮助初学者对人工智能算法有初步的了解。

4.6　习题

练习 1　一元线性回归模型函数的几何意义是什么？

练习 2　解释和分析梯度下降算法的原理。

练习 3　说明逻辑回归的 Sigmoid 函数的原理。

练习 4　设计并实现这样一个一元线性回归案例：给定样本集"学习时间—学习成绩"，样本特征是每天的学习时间，标签是学生获得的学习成绩，预测任意一个指定的学习时间长度所能获得的学习成绩。

学习时间: [0.50, 0.75, 1.00, 1.25, 1.50, 1.75, 1.75, 2.00, 2.25, 2.50, 2.75, 3.00, 3.25, 3.50, 4.00, 4.25, 4.50, 4.75, 5.00, 5.50]

学习成绩: [10, 22, 13, 43, 20, 22, 33, 50, 62, 48, 55, 75, 62, 73, 81, 76, 64, 82, 90, 93]

第5章 让机器学会"学习"——人工智能技术应用与实现

机器学习是一类实现人工智能的方法,机器学习的工作过程是使用算法从历史数据中自动分析学习规律,利用规律对新数据进行分类或预测。深度学习是基于神经网络的机器学习,是机器学习的一个重要分支。深度学习在语音识别、图像识别、自然语言处理、机器翻译等方面取得的效果远远优于之前的机器学习算法。

本章主要介绍使用深度学习框架搭建人工智能系统的方法。深度学习框架实现了很多通用的神经网络算法接口,使用深度学习框架可以很容易地搭建自己的神经网络模型。目前比较流行的深度学习框架有 TensorFlow、PaddlePaddle 和 PyTorch 等。TensorFlow 是谷歌研发的一款开源深度学习框架,目前使用人数最多,社区最为庞大,拥有较为完善的教程。因此,本教材选择 TensorFlow 深度学习框架作为主要学习和应用的内容。

章节学习目标
- ☑ 掌握特征工程方法;
- ☑ 熟悉使用 Keras 定义神经网络模型的方法;
- ☑ 掌握训练模型、评估模型及预测方法;
- ☑ 掌握深度学习框架 TensorFlow 的环境搭建。

5.1 人工智能系统开发过程

人工智能系统搭建首先从采集原始数据开始。原始数据集描述了人工智能系统需要解决的问题,如鸢尾花数据集中包含花萼长度、花萼宽度、花瓣长度、花瓣宽度和鸢尾花种类,这个数据集描述的问题是根据鸢尾花的 4 个特征识别鸢尾花的种类。

特征工程是指对数据集的数据进行特征提取、数据预处理并将数据按比例分割为训练数据集和测试数据集,得到适合机器学习算法的特征数据。

定义模型阶段针对具体要解决的问题选择合适的模型,如简单的分类问题可以选择逻辑回归模型,图像识别问题可以选择卷积神经网络模型。

训练模型阶段使用训练数据集训练定义好的模型,训练完成后进行模型测试。

模型测试阶段使用测试数据集评估模型性能,如果性能指标达标,可以上线该模型进行新数据的分类或预测。

人工智能开发过程如图 5-1 所示,本节就来介绍其中各个步骤的实现。

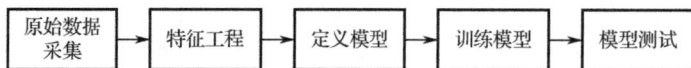

原始数据采集 → 特征工程 → 定义模型 → 训练模型 → 模型测试

图 5-1 人工智能系统开发过程

人工智能应用开发常用的类库如下。

- NumPy：Python 的一种开源数值计算扩展库，可用来存储和处理大型矩阵，提供了许多高级的数值编程工具，如矩阵数据类型、矢量处理、精密的运算库，是一个运行速度非常快的数学库，主要用于数组计算。
- Pandas：一个强大的基于 NumPy 的分析结构化数据的工具集，是为了解决数据分析任务而创建的，用于数据挖掘和数据分析，同时也提供数据清洗功能。
- matplotlib：Python 中最著名 2D 绘图库，十分适合进行交互式地制图。
- SciPy：构建在 NumPy 之上的一款致力于科学计算的 Python 工具包，包括统计、优化、傅里叶变换、信号和图像处理、常微分方程的求解等。
- sklearn：scikit-learn 是 Python 开发和实践机器学习的著名类库之一，其基本功能主要分为六大部分：分类、回归、聚类、数据降维、模型选择和数据预处理，依赖于类库 NumPy、SciPy 和 matplotlib 运行。
- Keras：一个运行在深度学习框架 TensorFlow 之上的简单易学的高级 Python 深度学习库，可以作为 TensorFlow 的高阶应用程序接口，进行深度学习模型的设计、调试、评估、应用和可视化。

5.1.1　特征工程

得到一个有良好预测能力的模型的前提是数据特征能够很好地描述要解决的问题，即数据特征决定了机器学习的上限，而模型和算法只是逼近这个上限而已。特征工程是使用专业背景知识和技巧处理数据，使得特征能在机器学习算法上发挥更好的作用的过程，特征工程的效果会直接影响机器学习的效果。

特征工程方法一般包括：特征提取、数据分割、特征预处理和特征降维。

1．特征提取

特征提取是将机器学习模型不能识别的原始数据，如文本、语音，转换为能够输入机器学习的数字特征的过程。常用的特征提取方法有以下几种。

1）one-hot 编码

one-hot 编码是在做分类任务时一种常用的数据特征输入格式，经常用于对样本标签值进行编码。以对鸢尾花数据集的标签值进行编码为例，鸢尾花数据集的标签值有 3 个类别的数组：[iris-setosa, iris-versicolour, iris-virginica]。用下标索引值代替字符串表示类别：iris-setosa->0，iris-versicolour->1，iris-virginica->2。对 3 个类别的数值 0，1，2 进行 one-hot 编码如下：

$$0->1\ 0\ 0 \quad 1->0\ 1\ 0 \quad 2->0\ 0\ 1$$

总共有 n 个类别的话，ont-hot 编码的长度就是 n，类别索引值所对应的位为 1，其他位为 0。

【实例 5.1】 one-hot 编码。

程序代码：

```
from keras.utils.np_utils import to_categorical
import numpy as np
```

```
#对目标标签进行one-hot编码
def one_hot_encode_object_array(arr):
    uniques,ids = np.unique(arr,return_inverse=True)
    #one-hot编码
    return to_categorical(ids,len(uniques))
#原始数值
flag_value = ['iris-setosa', 'iris-versicolour', 'iris-virginica']
#one-hot编码
one_hot_encode = one_hot_encode_object_array(flag_value)
print('原始值:')
print(flag_value)
print('编码后: ')
print(one_hot_encode)
```

说明：

np.unique 函数说明如下。

功能： 去除数组中的重复数字，进行排序后再输出，例如[a,b,c,a,c,d,f]->[a,b,c,d,f]。

参数介绍：

● arr：要处理的数组。

● return_inverse=True：返回原列表中的每个元素在新列表中出现的索引值，因此元素个数与原列表中的元素个数一样。

返回值：

● uniques：无重复值的新列表。

● ids：对应新列表中的元素的索引值。

运行结果为：

```
原始值:
['iris-setosa', 'iris-versicolour', 'iris-virginica']
编码后:
[[1. 0. 0.]
 [0. 1. 0.]
 [0. 0. 1.]]
```

2）语音特征提取

语音原始数据是一种声波文件，如图 5-2 所示。

图 5-2　声波文件

MFCC 是梅尔频率倒谱系数的简称，是为了完成声音识别而开发出来的一套算法，算法思想是基于人如何识别声音的想法，在一定程度上模拟了人耳对语音的处理特点。MFCC 与频率的关系可用以下公式近似表示，其中 f 为波形文件中的频率值：

$$M(f) = 1125\ln(1 + f/700)$$

【实例 5.2】 MFCC 特征提取。

程序代码：

```
#mfcc 特征提取函数
from python_speech_features import mfcc
import scipy.io.wavfile as wav
#读取 wav 文件，返回音频采样率和音频信号
(samplerate,signal)=wav.read('./audio/3.wav')
mfccfeatures = mfcc(signal,samplerate)
print(mfccfeatures)
```

说明：

mfcc 函数说明如下。

功能： MFCC 特征提取。

参数介绍：

- signal：音频信号。
- samplerate：音频采样率。

返回值： MFCC 特征。

实例输出说明： 读取本地 wav 音频文件，使用 python_speech_ features 类库的 mfcc 函数实现 MFCC 特征提取并打印。

运行结果为：

```
[[3.70456601 6.17518983 7.06801939 ... 8.23697712 8.5353399  8.68131784]
 [3.56358079 4.23085684 6.04844738 ... 7.26408334 7.47033863 7.51313512]
 [3.08356134 3.76781667 6.6953951  ... 7.34230482 7.52415862 7.01885993]
 ...
 [2.48990156 4.2654519  5.72772544 ... 8.42732481 7.08042976 8.01351305]
 [1.20656513 3.45968109 6.59700436 ... 8.21706236 7.03362329 7.85042107]
 [1.95769579 2.44630447 6.65391226 ... 7.99300321 6.99538967 7.38904963]]

[[ 11.0382186   -9.51072849  -4.41699293 ... -6.44682014 -13.78746279
   -9.83751668]
 [ 10.53164451  -7.1985621   -8.22987336 ... -0.96899051 -16.93068057
  -13.58307849]
 [ 10.56070536  -6.37766686  -9.91083488 ... -10.02944741 -17.3402978
   -9.94486645]
 ...
 [ 10.52410783 -11.29833425  -0.65343849 ... -2.68959213  -1.10536396
   -3.48376593]
 [ 10.4129008  -10.43871026  -3.11433271 ... -5.43139656 -10.03819588
   -6.31131636]
 [ 10.13589592  -8.55642584  -2.5008073  ... -6.21085112  -9.2107546
   -3.84596573]]
```

3）文本特征提取

在自然语言理解中把文本数据转换为向量数据，这个过程就是文本特征提取。常用的文本特征提取技术有词袋模型和 TD-IDF 模型等。

（1）词袋模型是最简单的文本表示方法，用文档中单词出现次数组成的矩阵表示文本，词袋模型只关注文档中是否出现单词和单词出现的频率，不关注文本的结构，以及单词出现的顺序和位置。将文本用一个 **DXN** 特征矩阵来表示，D 表示有 D 个文档，N 表示这个文档集中 N 个唯一的单词，矩阵的每个数值是对应的单词在对应的文档中出现的频率。

例如：

D1：Pooja is very lazy

D2：But she is intelligent

D3：She hardly comes to class

这里 D=3，N=11，得到的文本特征矩阵如表 5-1 所示。

表 5-1　词袋模型提取的文本特征矩阵

	Hardly	lazy	But	to	Pooja	she	intelligent	comes	very	class	is
D1	0	1	0	0	1	0	0	0	1	0	1
D2	0	0	1	0	0	1	1	0	0	0	1
D3	1	0	0	1	0	0	0	1	0	1	0

【实例 5.3】 词袋模型文本特征提取。

程序代码：

```
#导入类库
from sklearn.feature_extraction.text import CountVectorizer
#文档集，包含 4 个文档
corpus = ['This is the first document.','This document is the second document.',
          'And this is the third one.','Is this the first document?']
#创建词袋模型对象
vectorizer = CountVectorizer()
#输入文档集得到文档集的词频矩阵表示
dt = vectorizer.fit_transform(corpus)
print("词汇表：")
print(vectorizer.get_feature_names())
print("文本特征向量")
print(dt.toarray())
```

说明：使用 sklearn 类库的 CountVectorizer 模块，提取 4 个文档的文本特征，转化为词频矩阵表示，最后打印提取的文本特征。

运行结果为：

```
词汇表：
['and', 'document', 'first', 'is', 'one', 'second', 'the', 'third', 'this']
文本特征向量
[[0 1 1 1 0 0 1 0 1]
 [0 2 0 1 0 1 1 0 1]
 [1 0 0 1 1 0 1 1 1]]
```

```
[0 1 1 1 0 0 1 0 1]]
```

（2）TD-IDF 模型是计算文档中词或短语的权值的方法，是词频（Term Frequency，TF）和逆转文档频率（Inverse Document Frequency，IDF）的乘积。TF 指某一个给定的词语在该文档中出现的次数。这个数字通常会被正规化，以防止它偏向长的文档（同一个词语在长文档里可能会比在短文档里有更高的词频，而不管该词语重要与否）。IDF 是一个词语普遍重要性的度量，某一特定词语的 IDF，可以由文档总数目除以包含该词语的文档的数目，再将得到的商取对数得到。由 TF 和 IDF 计算词语的权重公式如下：

$$w_{ij} = \text{TF}_{ij} \cdot \text{IDF}_{ij} = \frac{f_{ij}}{f_{dj}} \cdot \log\left(\frac{N}{n_j}\right)$$

其中，f_{ij} 代表单词 k_i 在文档 d_j 中出现的次数，f_{dj} 代表文档 d_j 中所有单词出现的次数之和，N 是文档集中包含的文档总数，n_j 是包含单词 k_i 的文档数。

【实例 5.4】　TD-IDF 模型文本特征提取。

程序代码：

```
#导入 TfidfVectorizer 模块
from sklearn.feature_extraction.text import TfidfVectorizer
#文档集，包含 4 个文档
corpus = ['This is the first document.','This document is the second document.',
          'And this is the third one.','Is this the first document?',]
#创建 TFIDF 对象
tfidf = TfidfVectorizer()
#输入文档集得到文档集的特征矩阵
dt = tfidf.fit_transform(corpus)
print("词汇表: ")
print(vectorizer.get_feature_names())
print("文本特征向量")
print(dt.toarray())
```

说明： 使用 sklearn 类库的 TfidfVectorizer 函数，提取 4 个文档的文本特征，转化为词频矩阵表示，最后打印提取的文本特征。

运行结果为：

```
词汇表:
['and', 'document', 'first', 'is', 'one', 'second', 'the', 'third', 'this']
文本特征向量
[[0.          0.46979139 0.58028582 0.38408524 0.          0.
  0.38408524 0.          0.38408524]
 [0.          0.6876236  0.          0.28108867 0.          0.53864762
  0.28108867 0.          0.28108867]
 [0.51184851 0.          0.          0.26710379 0.51184851 0.
  0.26710379 0.51184851 0.26710379]
 [0.          0.46979139 0.58028582 0.38408524 0.          0.
  0.38408524 0.          0.38408524]]
```

2．数据分割

之所以要进行数据分割，是因为训练好模型之后需要去评估模型。那么怎么评估模型呢？最直观的方法就是用已知结果的数据集输入模型得到预测结果再进行验证。如果使用同一个数据集训练模型和评估模型，可能会出现因为模型过拟合而发现不了模型中的不足的情况。换句话说，模型只在这一个数据集上表现良好，却在新的数据集上表现不好。所以要将数据集分割成训练集和测试集。训练集用于训练模型并构建拟合模型，测试集用于评估模型性能指标。数据集分割比例一般有以下几种。

训练集：70%、80%、75%。

测试集：30%、20%、25%。

实现数据分割可以使用 sklearn 类库中用于数据分割的函数 train_test_split，该函数属于 sklearn 类库的 model_selection 模块。model_selection 模块主要提供了多种数据分割、交叉验证和参数搜索等方法。

【实例 5.5】 使用 train_test_split 函数分割数据集。

程序代码：

```
#导入数据分割函数
from sklearn.model_selection import train_test_split
#使用 dataframe 的 loc 函数，从读入的数据集中取出鸢尾花的 4 个特征值作为子集赋值给 X 作
为样本特征集合
#loc 函数，第一个参数指定子集行数的范围，":"表示获取所有行；第二个参数指定子集的列的
范围，取 4 个特征值列
X = data.loc[:,['sepal_length','sepal_width','petal_length','petal_width']]
#从读入的数据集中取出鸢尾花的类别作为目标值集合
Y = data.loc[:,['class']]
X_train, X_validation, Y_train, Y_validation = train_test_split(X, Y,
test_size=0.3, random_state=7)
print(X.shape)
print(X_train.shape)
print(X_validation.shape)
```

说明：

train_test_split 函数介绍如下。

功能：将特征值集合和目标值集合分割为训练集和测试集。本实例中分割比例训练集为 70%、测试集为 30%。

参数介绍：

● X：需要分割的样本特征值集合。

● Y：需要分割的样本标签值集合。

● test_size：分割的测试集所占的比例。

● random_state：随机数种子，任意整数，设置该参数保证程序每次运行分割得到相同的集合。

返回值：

● X_train：分割后训练集样本特征值集合。

● X_validation：分割后测试集样本特征值集合。

● Y_train：分割后训练集样本标签值集合。

- **Y_validation**：分割后测试集样本标签值集合。

实例输出说明：将数据集的特征值集合和标签值集合分割，打印分割前特征值集合 X 的形状和分割后训练集 X_train 与测试集 X_validation 的形状。分割前数据集 X 为(150,4)，即 150 个样本 4 个特征值；分割后训练集 X_train 为(105,4)，即 105 个样本 4 个特征值，105=150×0.7；分割后测试集 X_validation 为(45,4)，即 45 个样本，45=150×0.3。

运行结果为：

```
(150,4)
(105,4)
(45,4)
```

3．特征预处理

在开始机器学习的模型训练之前，需要对数据进行预处理，如果特征值之间的差距较大，不能直接传入模型，需要对数据做归口化/标准化处理，将所有数据映射到同一尺度。

如表 5-2 所示样本示例，如果特征值取值不在一个数量级，需要进行特征预处理，从而增加训练模型的准确度。

表 5-2　样本示例

	特征值 1	特征值 2	特征值 3
样本 1	1	200	0.1
样本 2	5	300	0.5
样本 3	6	100	0.3

1）归一化

归一化是指利用特征集中的最大值和最小值把所有数据映射到（0,1）。这种方法适用于分布有明显边界的数据集，如学生分数 0～100、图像像素点的值 0～255 等数据集有明显边界。缺点是受异常值影响较大，结果受最大值 x_{max} 和最小值 x_{min} 影响严重。计算公式如下：

$$x_{scal} = \frac{x - x_{min}}{x_{max} - x_{min}}$$

其中，x_{max} 为所有样本的每个特征的最大值；x_{min} 为所有样本的每个特征的最小值；x 为每个特征值；x_{scal} 是归一化后的特征值。

【实例 5.6】 归一化特征数据。

程序代码：

```
#调整数据尺度,进行归一化处理
#通过 MinMaxScaler 模块做归一化处理。将不同计量单位的数据统一成相同的尺度,利于对事物进行分类或分组
from sklearn.preprocessing import MinMaxScaler
from numpy import set_printoptions
from pandas import read_csv
#糖尿病数据集文件存放路径
filename ='./dataset/pima-indians-diabetes.csv'
#列含义:怀孕次数,葡萄糖,血压,皮层厚度,胰岛素,体重指数,糖尿病谱系功能,年龄,是否患糖尿病
```

```
names = ['preg','plas','pres','skin','test','mass','pedi','age','class']
data = read_csv(filename, names=names)
#将数据分为特征值集数据 X 和标签值集数据 Y
array = data.values
X = array[:, 0:8]
Y = array[:, 8]
#创建 MinMaxScaler 对象
transformer = MinMaxScaler(feature_range=(0, 1))
#数据转换
newX = transformer.fit_transform(X)
#设定打印数据精度，保留 3 位小数
set_printoptions(precision=3)
print("原始数据: ")
print(X)
print("归一化后数据")
print(newX)
```

说明： 使用 sklearn 的 MinMaxScaler 模块将特征值进行归一化处理，指定特征值取值范围（0,1），使用 fit_transform 函数得到转换后的特征值，打印原始数据和归一化后的数据。

运行结果为：

```
原始数据：
[[   6.    148.     72.    ...  33.6    0.627  50.   ]
 [   1.     85.     66.    ...  26.6    0.351  31.   ]
 [   8.    183.     64.    ...  23.3    0.672  32.   ]
 ...
 [   5.    121.     72.    ...  26.2    0.245  30.   ]
 [   1.    126.     60.    ...  30.1    0.349  47.   ]
 [   1.     93.     70.    ...  30.4    0.315  23.   ]]
归一化后数据
[[0.353 0.744 0.59  ... 0.501 0.234 0.483]
 [0.059 0.427 0.541 ... 0.396 0.117 0.167]
 [0.471 0.92  0.525 ... 0.347 0.254 0.183]
 ...
 [0.294 0.608 0.59  ... 0.39  0.071 0.15 ]
 [0.059 0.633 0.492 ... 0.449 0.116 0.433]
 [0.059 0.467 0.574 ... 0.453 0.101 0.033]]
```

2）标准化

标准化是指利用均值和标准差把所有数据进行转换。这种方法适用于数据分布没有明显边界，但符合正态分布的数据集。优点是不容易受到极端数据值的影响。计算公式如下：

$$x_{\mathrm{scal}} = \frac{x - x_{\mathrm{mean}}}{S}$$

其中，x_{mean} 为所有特征数据的平均值，S 为所有特征数据的标准差；x 为每个特征值，x_{scal} 是标准化后的特征值。

【实例 5.7】 标准化特征数据。

程序代码：

```
#用于进行标准化处理的模块
from sklearn.preprocessing import StandardScaler
from numpy import set_printoptions
from pandas import read_csv
#糖尿病数据集文件存放路径
filename ='./dataset/pima-indians-diabetes.csv'
#列含义:怀孕次数,葡萄糖,血压,皮层厚度,胰岛素,体重指数,糖尿病谱系功能,年龄,是否患糖尿病
names = ['preg','plas','pres','skin','test','mass','pedi','age','class']
data = read_csv(filename, names=names)
#将数据分为特征值集数据 X 和标签值集数据 Y
array = data.values
X = array[:, 0:8]
Y = array[:, 8]
#标准化对象
transformer = StandardScaler()
#标准化数据处理，返回处理后的结果
newX = transformer.fit_transform(X)
#设定数据的打印格式
set_printoptions(precision=3)
print("原始数据: ")
print(X)
print("标准化后数据")
print(newX)
```

说明： 使用 sklearn 的 StandardScaler 模块将特征值进行标准化处理，使用 fit_transform 函数得到转换后的特征值，打印原始数据和标准化后的数据。

运行结果为：

```
原始数据:
[[   6.     148.      72.     ...   33.6     0.627  50.   ]
 [   1.      85.      66.     ...   26.6     0.351  31.   ]
 [   8.     183.      64.     ...   23.3     0.672  32.   ]
 ...
 [   5.     121.      72.     ...   26.2     0.245  30.   ]
 [   1.     126.      60.     ...   30.1     0.349  47.   ]
 [   1.      93.      70.     ...   30.4     0.315  23.   ]]
标准化后数据
[[ 0.64    0.848   0.15   ...  0.204   0.468   1.426]
 [-0.845  -1.123  -0.161  ... -0.684  -0.365  -0.191]
 [ 1.234   1.944  -0.264  ... -1.103   0.604  -0.106]
 ...
 [ 0.343   0.003   0.15   ... -0.735  -0.685  -0.276]
 [-0.845   0.16   -0.471  ... -0.24   -0.371   1.171]
 [-0.845  -0.873   0.046  ... -0.202  -0.474  -0.871]]
```

4. 特征降维

特征降维是指在某些限定条件下，降低随机变量（特征）个数，得到一组"不相关"主变量的过程。进行特征降维后，减少了误导数据，能够提高算法精度和准确度，减少训练时间，数据训练模型所需要的时间也随之减少。

机器学习 sklearn 包中提供了特征降维方法，如主要成分分析（PCA）方法通过提取主要特征实现数据降维等。主要成分分析计算特征的方差百分比，方差百分比代表了特征表达整个数据集的程度，例如，第一个特征占所有特征的方差百分比为 0.88854663，意味着该特征几乎保留了所有的信息，即第一个特征可以 88.85%表达整个数据集。

【实例 5.8】 主要成分分析。

程序代码：

```
#导入 PCA 模块
from sklearn.decomposition import PCA
from pandas import read_csv
from numpy import set_printoptions
#糖尿病数据集文件存放路径
filename ='./dataset/pima-indians-diabetes.csv'
#列含义:怀孕次数,葡萄糖,血压,皮层厚度,胰岛素,体重指数,糖尿病谱系功能,年龄,是否患糖尿病
names = ['preg','plas','pres','skin','test','mass','pedi','age','class']
data = read_csv(filename, names=names)
#将数据分为特征值集数据 X 和标签值集数据 Y
array = data.values
X = array[:, 0:8]
Y = array[:, 8]
#特征选定
pca = PCA(n_components=3)
#返回降维后的数据
new_x = pca.fit_transform(X)
print("方差百分比: %s" % pca.explained_variance_ratio_)
print("原始数据: ")
print(X)
print("降维后的数据: ")
print(new_x)
```

说明：

PCA 函数说明如下。

功能： 定义主要成分分析算法模型。

参数介绍： n_components 代表选取特征的个数，即返回的主成分的个数，也就是想把数据降到几维。

返回值： PCA 算法模型对象。

pca.fit_transform 函数说明如下。

功能： 执行 PCA 算法拟合。

参数介绍： X 代表原始特征数据集。

返回值： 降维处理后的特征数据。

实例输出说明： 通过 sklearn 的 PCA 模块，使用主要成分分析对特征值集进行降维处

理，从中选择主要的 3 个特征，使用 fit_transform 函数得到降维后的特征值集合，数据变成了 3 列，打印原始数据和降维后的数据。

运行结果为：

```
方差百分比：[0.88854663 0.06159078 0.02579012]
原始数据：
[[  6.     148.      72.    ...  33.6    0.627  50.   ]
 [  1.      85.      66.    ...  26.6    0.351  31.   ]
 [  8.     183.      64.    ...  23.3    0.672  32.   ]
 ...
 [  5.     121.      72.    ...  26.2    0.245  30.   ]
 [  1.     126.      60.    ...  30.1    0.349  47.   ]
 [  1.      93.      70.    ...  30.4    0.315  23.   ]]
降维后的数据：
[[-75.71465491 -35.95078264   -7.26078895]
 [-82.3582676    28.90821322   -5.49667139]
 [-74.63064344 -67.90649647   19.46180812]
 ...
 [ 32.11319827    3.3766648    -1.58786446]
 [-80.21449431 -14.18601977   12.3512639 ]
 [-81.30814972   21.62149606   -8.15276833]]
```

5.1.2　定义模型

根据要解决的问题选择合适的模型进行训练，选择的模型可以是深度学习神经网络模型，也可以是传统的机器学习算法模型，如逻辑回归、K 近邻算法、支持向量机、分类与回归树等。目前深度学习算法在人工智能应用中的表现效果更加突出。本小节主要介绍深度学习神经网络模型的定义。常用的神经网络模型有多层感知机（MLP）、卷积神经网络（CNN）、循环神经网络（RNN）和长短时记忆网络（LSTM）等模型。本小节使用 Keras 类库定义神经网络模型。

一个简单的神经网络模型如图 5-3 所示。

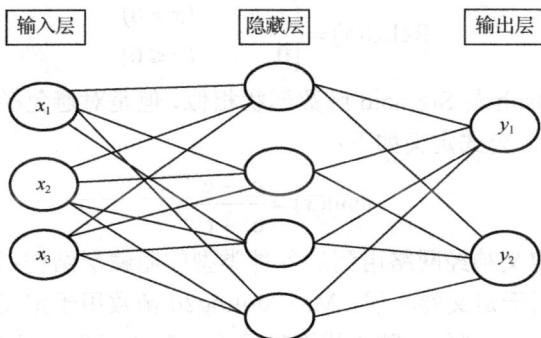

图 5-3　神经网络模型

人工神经元是神经网络的基本组成单元，但是注意输入层节点没有神经元结构，通过人工神经元模拟生物神经元的功能。人工神经元的基本结构如图5-4所示。

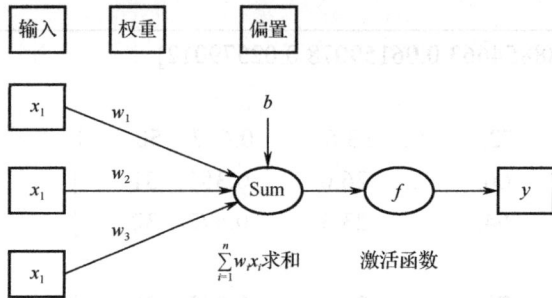

图 5-4 人工神经元基本结构

Keras 类库中提供了对应的激活函数的实现，为人工神经元指定激活函数有以下两种方式。

方式一：在添加神经网络层，如 Dense()时，通过设置 activation 参数指定使用的激活函数。

方式二：通过向模型中添加 keras.layers.Activation()层，并设置参数值，如 keras.layers. Activation('softmax')，指定使用的激活函数。

常用的激活函数取值有 Sigmoid、Softmax、ReLU 和 tanh 等。

（1）Sigmoid 函数常用于二分类问题的输出层，得到的结果为正例的预测概率，即 $y=1$ 的概率。公式定义如下：

$$\text{Sigmoid}(x) = \frac{1}{1 + e^{-x}}$$

（2）Softmax 函数常用于多分类问题的输出层，得到每个类别的预测概率，通常选择概率最大的那个类别作为预测结果。公式定义如下：

$$\text{Softmax}(z_j) = \frac{e^{z_j}}{\sum_{c=1}^{C} e^c}$$

其中，C 为输出层节点数，即分类的类别个数；z_j 为第 j 个节点的输出值。

（3）ReLU 函数常用于深层神经网络的隐藏层，对于深层网络可以有效避免梯度消失和梯度爆炸问题。公式定义如下：

$$\text{ReLU}(x) = \begin{cases} x & (x > 0) \\ 0 & (x \leq 0) \end{cases}$$

（4）双曲正切函数 tanh 与 Sigmoid 函数形状相似，但是对避免梯度消失问题更有帮助，常用于神经网络隐藏层。公式定义如下：

$$\tanh(x) = \frac{e^x - e^{-x}}{e^x + e^{-x}}$$

Keras 类库提供了定义神经网络用到的各种类型的隐藏层结构：Dense 函数用于定义全连接层；Conv2D 函数用于定义卷积层；MaxPooling2d 函数用于定义池化层；Dropout 函数用于定义正则化层，用于正则化，防止模型过拟合；Embedding 函数用于定义嵌入层，用于构建词向量；LSTM 函数用于定义 LSTM 模型神经元。使用 Keras 类库创建 Model 模型对象或 Sequential 模型对象，向对象中添加隐藏层定义神经网络模型。

1. 多层感知机

多层感知机（Multi Layer Perceptron，MLP）是包含至少一个全连接层的神经网络模型。对于简单的分类问题可以使用多层感知机模型。定义一个可用于鸢尾花数据集分类的多层感知机，数据集中每个样本有花萼长度、花萼宽度、花瓣长度、花瓣宽度 4 个特征值作为模型的输入数据，模型的输入维度为 4。标签为鸢尾花种类，有山鸢尾（Iris Setosa）、变色鸢尾（Iris Versicolour）、弗吉尼亚鸢尾（Iris Virginica）3 种取值作为模型的输出，模型的输出维度为 3，输出表示属于每种类型的概率。因此，定义的网络结构如图 5-5 所示，包含一个输入层，有 4 个输入；一个隐藏层，有 10 个节点，激活函数为 ReLU 函数；输出层有 3 个输出（即 3 个标签类别），激活函数为 Softmax 函数。

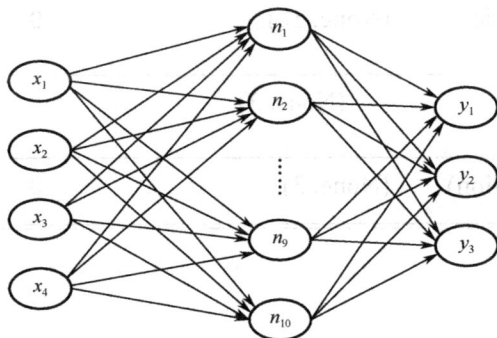

图 5-5　多层感知机网络结构

【实例 5.9】 定义多层感知机模型。

程序代码：

```
from keras.models import Sequential
from keras.layers import Dense,Activation,Dropout
#创建一个 Sequential 对象
model = Sequential()
#添加全连接层
model.add(Dense(units=10,input_dim=4))
#添加激活函数 relu，参数还可取 softmax、sigmoid、tanh 等
model.add(Activation('relu'))
#添加全连接层，最后一层一共 3 类，所以输出为 3
model.add(Dense(units=3))
#使用激活函数多分类输出
model.add(Activation('softmax'))
#打印模型结构描述
model.summary()
```

说明：

Dense 函数介绍如下。

功能：定义全连接层。

参数介绍：

● input_dim：输入维数。本实例中设置为 4，即数据集中有 4 个特征。

● units：隐藏层单元节点个数。本实例中设置为 10。

实例输出说明：打印显示模型的结构，Layer 为层类型，Output Shape 为层输出数据形状，Param 为该层参数个数。

运行结果为：

```
Model: "sequential_1"

Layer (type)                    Output Shape                Param #
=================================================================
dense_1 (Dense)                 (None, 10)                  50

activation_1 (Activation)       (None, 10)                  0

dense_2 (Dense)                 (None, 3)                   33

activation_2 (Activation)       (None, 3)                   0
=================================================================
Total params: 83
Trainable params: 83
Non-trainable params: 0
```

2. 卷积神经网络

卷积神经网络（Convolution Neural Network，CNN）是专门针对图像识别问题设计的神经网络，它的特点在于包含一个或多个卷积层（Convolution）和池化层（Pooling），然后输出层上游一般会连接一个全连接层（Fully-connected）。卷积神经网络的一般网络结构如图 5-6 所示。

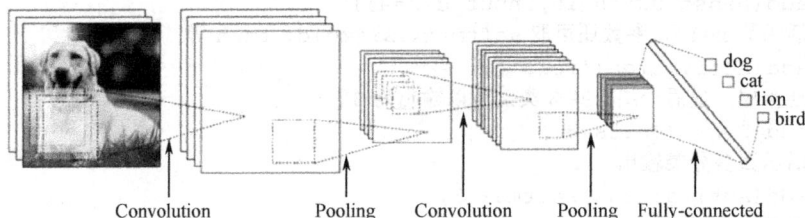

图 5-6　卷积神经网络网络结构

卷积层：通过卷积核在原始图像上平移卷积运算提取特征，卷积核可以有多个。

池化层：通过提取特征和稀疏参数来减少学习的参数数量，降低网络的复杂度。池化方法有最大池化和平均池化。最大池化指取池化窗口的最大值，平均池化指取池化窗口的平均值。

全连接层：在常见的卷积神经网络的最后往往会出现一个或两个全连接层。经过卷积层和池化层，全连接层输入的就是高度提纯的特征了，可以方便地进行分类或回归预测。全连接层的输出是一维向量，因此，需要把卷积层或池化层输出的二维特征图转换为一维向量。

定义一个适用于手写数字图片数据集的图像识别任务的卷积神经网络，手写数字图片数据集中的图片是 28px×28px 的灰度图片，所以输入图片大小为 28px×28px×1，输出类别是数字 0～9，共 10 个类别。这个卷积神经网络中包含一个卷积层、一个池化层、一个 Dropout 层和两个全连接层，最后一个全连接层即输出层。

【实例 5.10】 定义卷积神经网络模型。

程序代码：

```
#Sequential 模型
from keras.models import Sequential
#全连接层
from keras.layers import Dense
#Dropout 层，用于正则化，防止过拟合
from keras.layers import Dropout
from keras.layers import Flatten
#卷积层
from keras.layers import Conv2D
#池化层
from keras.layers import MaxPooling2D
#创建模型
model = Sequential()
#添加卷积层
model.add(Conv2D(32,(5,5),input_shape=(28,28,1),activation='relu'))
#添加池化层
model.add(MaxPooling2D(pool_size=(2,2)))
#添加 Dropout 层，正则化的一种方法，防止模型过拟合
model.add(Dropout(0.3))
#将数据压平，即将多维数组转化为一维数据，用于卷积层到全连接层的过渡
model.add(Flatten())
#全连接层，节点数为 240 个，激活函数为 relu
model.add(Dense(240,activation='relu'))
#输出层，输出节点数即类别个数，激活函数为 softmax
model.add(Dense(10,activation='softmax'))
model.summary()
```

说明：

Conv2D 函数介绍如下。

功能： 定义卷积层。

参数介绍：

● filters：卷积核（滤波器）个数。

● kernel_size：卷积核大小。

● input_shape：输入图像大小。本例中为 28px×28px 的单通道图片。

● strides：步长，默认为 1。

● activation：激活函数指定为 relu。

MaxPooling2D 函数介绍如下。

功能：定义池化层。

参数介绍：

● pool_size：窗口大小。本例中为 2px*2px。

● strides：整数步长，默认值为窗口大小。本例中为 2。

实例输出说明：打印显示模型的结构，Layer 为层类型，Output Shape 为层输出数据形状，Param 为该层参数的个数。

运行结果为：

```
Model: "sequential_2"
```

Layer (type)	Output Shape	Param #
conv2d (Conv2D)	(None, 24, 24, 32)	832
max_pooling2d (MaxPooling2D)	(None, 12, 12, 32)	0
dropout (Dropout)	(None, 12, 12, 32)	0
flatten (Flatten)	(None, 4608)	0
dense_3 (Dense)	(None, 240)	1106160
dense_4 (Dense)	(None, 10)	2410

```
Total params: 1,109,402
Trainable params: 1,109,402
Non-trainable params: 0
```

3．循环神经网络

循环神经网络（RNN）是一类适用于从序列数据中识别模式的人工神经网络，序列数据指如文本、视频、语音、语言、基因组及时间序列等有先后顺序关系的数据。RNN 广泛应用于机器翻译、语音识别等领域，它的特点在于某一时刻 t 的输出，不仅依赖于 t 时刻的输入，还取决于 t 时刻之前的输入。RNN 可以看作一个添加了环状结构的 MLP 网络，包含一个输入层、一个隐藏层和一个输出层，隐藏层的节点之间是有内连接的，并且节点是按照一个方向连接的。其网络结构如图 5-7 所示，展开后的结构如图 5-8 所示。在 RNN 中，如果序列长度非常长，会导致 RNN 无法有效地利用历史信息。针对这种"长依赖"的问题，又提出了长短时记忆网络（Long Short Term Memory Network，LSTM）。LSTM 是

RNN 结构的改进版本，完成了在长序列训练中能保持记忆的功能，从而能够从长序列中学习出依赖关系。

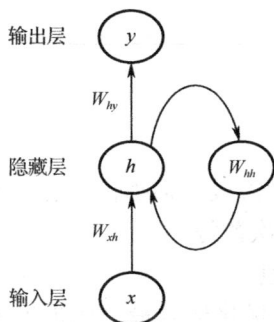

图 5-7　循环神经网络网络结构　　　图 5-8　展开后的循环神经网络网络结构

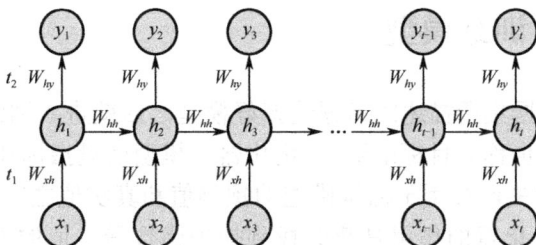

【实例 5.11】　定义 LSTM 模型。

程序代码：

```
from keras.models import Sequential
from keras.layers import Dense,LSTM
#定义 LSTM 模型
model = Sequential()
model.add(LSTM(20,input_shape=(1,1)))
#设置有一个输出单元的全连接层
model.add(Dense(1))
model.summary()
```

说明：

LSTM 函数介绍如下。

功能：定义 LSTM 层。

参数介绍：

● units：正整数，LSTM 层的输出维度。这里设置为 20。

● input_shape：输入维度，当使用该层为模型首层时，应指定该值。该值取值形如 (TIME_STEPS,INPUT_SIZE)，两个参数分别表示时间序列长度和特征值个数。

实例输出说明：打印显示模型的结构，Layer 为层类型，Output Shape 为层输出数据形状，Param 为该层参数的个数。

运行结果为：

Model: "sequential_6"		
Layer (type)	Output Shape	Param #
lstm_2 (LSTM)	(None, 20)	1760
dense_7 (Dense)	(None, 1)	21
Total params: 1,781		

Trainable params: 1,781

Non-trainable params: 0

5.1.3　训练模型

为数据集所描述的问题选择好模型之后就进入训练模型阶段。训练模型前需要指定损失函数（也称为目标函数）、优化器、模型度量指标和训练次数等。

- 损失函数用于衡量模型的预测值和真实值之间的误差。
- 优化器的作用是帮助找到损失函数最小值的方向。优化器以最小化损失函数为目标，决定每个模型参数在下一次迭代中应该是增大还是减小，这样多次迭代后各个模型参数将会稳定到最优值。
- 模型度量指标用于定量衡量模型的性能，训练中观察度量指标，决定是否增加训练次数或者调整模型结构。
- 训练次数（epoch）是完整训练数据训练模型的次数。

模型训练的过程是使用优化器求解损失函数最小值的过程，通过最小化损失函数得到模型每个参数的最优值，得到参数最优值也就确定了最优模型。

Keras 类库中定义模型后可通过 compile 接口的参数确定训练的损失函数、优化器和度量指标：通过 loss 参数指定损失函数名称或损失函数实例对象；通过 optimizer 参数指定优化器名称或优化器实例对象；通过 metrics 参数指定度量指标，可以指定多个指标。

1.　常用损失函数

（1）交叉熵损失函数常用于分类问题，有以下两种。

① 二分类交叉熵损失函数常用于二分类问题，定义如下：

$$\text{cross\_loss} = -\sum_i \left(y_i \log(y_i') + (1 - y_i) \log(1 - y_i') \right)$$

其中，y_i 是真实标签值，取值为 0 或 1；y_i' 是模型输出的预测正例（为 1）的概率值。

Keras 类库提供的二分类交叉熵的实现方法：class 模块实现 keras.losses.BinaryCrossentropy() 和函数实现 keras.losses.binary_crossentropy()。定义模型对象后通过 compile 接口的 loss 参数指定损失函数：

model.compile(loss=keras.losses.BinaryCrossentropy(), optimizer='adam')或

model.compile(loss="binary_crossentropy", optimizer='adam')

② 多分类交叉熵损失函数常用于多分类问题，定义如下：

$$\text{cross\_loss} = -\sum_i y_i' \log(y_i)$$

其中，y_i 是真实标签值的 one-hot 编码形式，y_i' 是模型输出的预测每个类别的概率值。

Keras 类库提供的多分类交叉熵的实现方法：class 模块实现 keras.losses.CategoricalCrossentropy() 和 keras.losses.SparseCategoricalCrossentropy()，以及对应函数实现 keras.losses.categorical_crossentropy() 和 keras.losses.sparse_categorical_crossentropy()。CategoricalCrossentropy 与 SparseCategoricalCrossentropy 的区别是，CategoricalCrossentropy 输入的真实标签是

one-hot 编码格式的，SparseCategoricalCrossentropy 输入的真实标签不需要 one-hot 编码，直接输入数值型标签值。

定义模型对象后通过 compile 接口的 loss 参数指定损失函数：

model.compile(loss=keras.losses.CategoricalCrossentropy(), optimizer='adam')或

model.compile(loss="categorical_crossentropy", optimizer='adam')

model.compile(loss=keras.losses.SparseCategoricalCrossentropy(), optimizer='adam')或

model.compile(loss="sparse_categorical_crossentropy", optimizer='adam')

（2）平均绝对误差损失函数（MAE）也称 L1 损失函数，是回归任务中常用的损失函数，定义如下：

$$\text{MAE} = \frac{\sum_{i=1}^{n}|y_i - y_i'|}{n}$$

其中，y_i 是真实值，y_i' 是预测值，n 为样本数量。

Keras 类库提供的二分类交叉熵的实现方法：class 模块实现 keras.losses.MeanAbsoluteError()和函数实现 keras.losses.mean_absolute_error()，定义模型对象后通过 compile 接口的 loss 参数指定损失函数：

model.compile(loss=keras.losses.MeanAbsoluteError(), optimizer='adam')或

model.compile(loss="mean_absolute_error", optimizer='adam')

（3）均方误差损失函数（MSE）也称 L2 损失函数，是回归任务中常用的损失函数，定义如下：

$$\text{MSE} = \frac{\sum_{i=1}^{n}(y_i - y_i')^2}{n}$$

其中，y_i 是真实值，y_i' 是预测值，n 为样本数量。

Keras 类库提供的二分类交叉熵的实现：class 模块实现 keras.losses.MeanSquaredError()和函数实现 keras.losses.mean_squared_error()，定义模型对象后通过 compile 接口的 loss 参数指定损失函数：

model.compile(loss=keras.losses.MeanSquaredError(), optimizer='adam')或

model.compile(loss="mean_squared_error", optimizer='adam')

MAE 和 MSE 作为损失函数的主要区别是：MSE 损失相比 MAE 损失通常可以更快地收敛，但 MAE 损失对于异常值更加健壮，即更加不易受到异常值的影响。

2．常用优化器

随机梯度下降法（SGD）、Adagrad、Adadelta、RMSprop、Adam 和动量优化法（Momentum），这几种算法是梯度下降算法或者在梯度下降算法上优化改进的算法。其中，Adagrad、Adadelta、RMSprop 和 Adam 是自适应学习速率的优化算法。这几种算法有初始学习速率，在梯度下降过程中自适应调整学习速率。但是学习速率太大的话可能会错过最小值的位置，太小的话下降速度太慢耗时久。动量优化方法（Momentum）是在梯度下降法的基础上进行的改进算法，具有加速梯度下降的作用。

Keras 类库中提供了优化器的实现。定义模型对象后通过 compile 接口的 optimizer 参数指定优化器，可选参数：keras.optimizers.Adam 或"adam"、keras.optimizers.SGD 或"sgd"、keras.optimizers.RMSprop 或 " rmsprop "、 keras.optimizers.Adadelta 或 " adadelta "、keras.optimizers.Adagrad 或"adagrad"。以 Adam 优化器为例，调用方法如下：

model.compile(loss='categorical_crossentropy',optimizer=

keras.optimizers.Adam(learning_rate=0.01))或

model.compile(loss='categorical_crossentropy', optimizer='adam')

3．常用度量指标

分类问题常用度量指标有：正确率、精确率、召回率 F1 分数和 AUC；回归预测问题常用度量指标有：均方误差 F1 分数和平均绝对误差。

Keras 类库中提供了度量指标的实现。定义模型对象后通过 compile 接口的 metrics 参数指定度量指标，可选参数：keras.metrics.Accuracy() 或 " accuracy "（正确率）、keras.metrics.Precision()或"Precision"（精确率）、keras.metrics.Recall()或"recall"（召回率）、keras.metrics.AUC()或"AUC"（ROC 曲线下方的面积大小）、keras.metrics.MeanSquaredError() 或 " mean_squared_error "（ 均 方 误 差 ）、 keras.metrics.MeanAbsoluteError() 或"mean_absolute_error"（平均绝对误差）。以正确率为例，调用方法如下：

model.compile(loss='categorical_crossentropy',optimizer=

keras.optimizers.Adam(learning_rate=0.01))或

model.compile(loss='categorical_crossentropy', optimizer='adam')

每个度量指标的原理将在下一小节模型测试中具体介绍。

【实例 5.12】 使用鸢尾花数据集训练多层感知机模型。

程序代码：

```
from sklearn.datasets import load_iris
from sklearn.model_selection import train_test_split
from keras.utils.np_utils import to_categorical
from keras.models import Sequential
from keras.layers import Dense,Activation
#加载鸢尾花数据集
iris = load_iris()
#得到特征集和标签，4 个特征：花萼长度、花萼宽度、花瓣长度、花瓣宽度。标签值有 3 个取值
X, y = iris.data[:, :4], iris.target
#分割为测试集和训练集，比例分别为 30%和 70%
train_x,test_x,train_y,test_y=train_test_split(X,y,test_size=0.3,random_
state=0)
#标签值进行 one-hot 编码
train_y_one_hot = to_categorical(train_y)
test_y_one_hot = to_categorical(test_y)
#定义一个多层感知机
model = Sequential()
#添加全连接层，输入为 4，代表数据集有 4 个特征，10 个隐藏层节点
model.add(Dense(units=10,input_dim=4))
#添加激活函数 relu
model.add(Activation('relu'))
```

```
#添加全连接层，最后一层一共 3 类，所以输出为 3
model.add(Dense(units=3))
#多分类输出激活函数
model.add(Activation('softmax'))
#指定损失函数为交叉熵损失函数，优化器为随机梯度下降 sgd，评估标准为正确率
model.compile(loss='categorical_crossentropy',optimizer='sgd',metrics=['
accuracy'])
#训练模型，输入训练数据特征集和标签集，训练次数 epochs=10，批次大小 batch_size 为 10
model.fit(train_x,train_y_one_hot,epochs=10,batch_size=10)
```

说明：

● 载入鸢尾花数据集 load_iris()。

● 特征工程：分割数据集，one-hot 编码数据集标签值。

● 定义模型：定义多层感知机模型。

● 训练模型：通过 loss 参数指定多分类交叉熵损失函数，通过 optimizer 参数指定 sgd
优化器，通过 metrics 参数指定正确率度量标准，使用训练集训练模型，训练次数
epochs 为 10。

● 实例输出说明：从输出结果中可以看到训练过程中损失函数和正确率的变化过程，
损失函数逐渐变小，正确率逐渐提高。

运行结果为：

```
Epoch 1/10
11/11 [==============================] - 0s 998us/step - loss: 0.7137 - accuracy: 0.6857
Epoch 2/10
11/11 [==============================] - 0s 2ms/step - loss: 0.6414 - accuracy: 0.7048
Epoch 3/10
11/11 [==============================] - 0s 2ms/step - loss: 0.6094 - accuracy: 0.7048
Epoch 4/10
11/11 [==============================] - 0s 3ms/step - loss: 0.5917 - accuracy: 0.7333
Epoch 5/10
11/11 [==============================] - 0s 2ms/step - loss: 0.5684 - accuracy: 0.7619
Epoch 6/10
11/11 [==============================] - 0s 1ms/step - loss: 0.5559 - accuracy: 0.7048
Epoch 7/10
11/11 [==============================] - 0s 1ms/step - loss: 0.5300 - accuracy: 0.7143
Epoch 8/10
11/11 [==============================] - 0s 997us/step - loss: 0.5160 - accuracy: 0.9238
Epoch 9/10
11/11 [==============================] - 0s 1ms/step - loss: 0.5107 - accuracy: 0.7238
Epoch 10/10
11/11 [==============================] - 0s 907us/step - loss: 0.4979 - accuracy: 0.7524
```

5.1.4　模型测试

前面介绍过评估模型的常见度量标准如下。分类问题常用度量指标有：正确率、精确率、召回率、F1 分数和 AUC；回归问题常用度量指标有：均方误差和平均绝对误差。

1．分类问题度量指标

介绍分类问题度量指标前，先了解一下混淆矩阵，如表 5-3 所示。

表 5-3　混淆矩阵

		预测结果	
		正例	假例
真实结果	正例	True Positive(TP) 真正例	False Negative(FN) 假负例
	假例	False Positive(FP) 假正例	True Negative(TN) 真负例

TP 表示实际值为正例，预测值也为正例的样本数量；FP 表示实际值为假例，预测值为正例的样本数量；FN 表示实际值为正例，预测值为假例的样本数量；TN 表示实际值为假例，预测值也为假例的样本数量。

正确率：模型预测正确数量占预测总量的比例。

$$Accuracy = (TP+TN) / total$$

一般正确率越高模型越好，但是有时候正确率高不代表算法就一定好。对于一些数据分布不均匀的情况，如对某个地区地震的预测，假设有多个特征作为地震分类的属性，类别只有两个：0 表示不发生地震，1 表示发生地震。假设一个不加思考的分类器对每一个测试用例都将类别划分为 0，那它也有可能达到 99%的准确度，但真的地震时，这个分类器却可能毫无察觉。此时，需要用其他的度量指标衡量模型性能。

精确率：正确预测值为正例的样本数量占所有预测为正例的总量的比例，也称为查准率。

$$Precision=TP/(TP+FP)$$

召回率：所有实际值为正例的样本中，被判定为正例所占的比例，也称为查全率。

$$Recall=TP/(TP+FN)$$

F1 分数：精确率和召回率的调和平均值，体现了模型的稳健性。

$$F1 = \frac{2*Precision*Recall}{Precision+Recall}$$

精确率、召回率和 $F1$ 分数的值都是越大越好。

AUC：AUC 是 Area Under roc Curve 的简称，是 ROC 曲线下方的面积大小。

ROC 曲线即受试者工作特征曲线，如图 5-9 所示，横坐标是 FPR，纵坐标是 TPR。TPR=TP/(TP+FN)即召回率，表示分类器所识别出的正例占所有正例的比例，FPR=FP/(FP +TN)即负正类率，表示分类器错认为正例的假正例占所有负例的比例。ROC 曲线越靠近左上角，模型分类的准确性就越高。

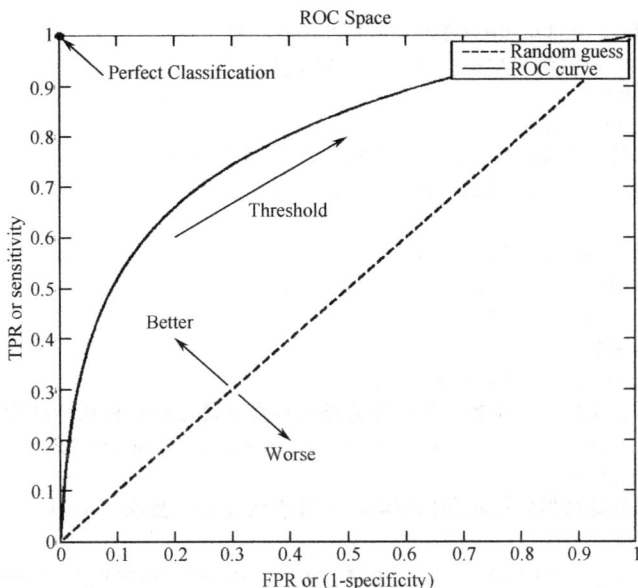

图 5-9　ROC 曲线

通常，AUC 值介于 0.5 到 1.0 之间，AUC 的值越大，诊断准确性越高。

- AUC = 1，是完美分类器，采用这个预测模型时，不管设定什么阈值都能得出完美预测。绝大多数预测的场合不存在完美分类器。
- 0.5 < AUC < 1，优于随机猜测。为这个分类器（模型）妥善设定阈值的话，能有预测价值。
- AUC = 0.5，跟随机猜测一样（例如丢铜板），模型没有预测价值。
- AUC < 0.5，比随机猜测还差，但只要总是反预测而行的，便优于随机猜测。

2. 回归预测问题度量指标

回归预测问题常用度量指标来衡量预测值和真实值之间的误差，有均方误差（均方误差损失函数）和平均绝对误差（平均绝对误差损失函数）。

Keras 类库的 evaluate 函数使用测试集评估模型。

【实例 5.13】　评估鸢尾花数据集训练的多层感知机模型。

程序代码：

```
from sklearn.datasets import load_iris
from sklearn.model_selection import train_test_split
from keras.utils.np_utils import to_categorical
from keras.models import Sequential
from keras.layers import Dense,Activation
#加载鸢尾花数据集
iris = load_iris()
#得到特征集和标签集，4 个特征：花萼长度、花萼宽度、花瓣长度、花瓣宽度。标签值有 3 个取值
X, y = iris.data[:, :4], iris.target
#分割为测试集和训练集，比例分别为 30% 和 70%
train_x,test_x,train_y,test_y=train_test_split(X,y,test_size=0.3,random_
state=0)
#对标签值进行 one-hot 编码
```

```
train_y_one_hot = to_categorical(train_y)
test_y_one_hot = to_categorical(test_y)
#定义一个多层感知机
model = Sequential()
#添加全连接层，输入为4，数据集有4个特征，10个隐藏层节点
model.add(Dense(units=10,input_dim=4))
#添加激活函数relu
model.add(Activation('relu'))
#添加全连接层，最后一层，一共3类，所以输出为3
model.add(Dense(units=3))
#多分类输出激活函数
model.add(Activation('softmax'))
#指定损失函数为交叉熵损失函数，优化器为随机梯度下降sgd，评估标准为正确率
model.compile(loss='categorical_crossentropy',optimizer='sgd',metrics=['
Precision','Recall'])
#训练模型，输入训练数据特征集和标签集，训练次数100，批次大小为10，verbose=0不打印
训练过程信息
model.fit(train_x,train_y_one_hot,epochs=100,batch_size=100,verbose=0)
score= model.evaluate(test_x,test_y_one_hot,verbose=1)
#打印[loss,precision,recall]
print("测试模型评价指标：loss值，精确率，召回率：")
print(score)
#计算F1分数
precision=score[1]
recall=score[2]
f1_score = 2*precision*recall/(precision+recall)
print("测试模型的f1_score指标")
print(f1_score)
```

说明：

◆ 载入鸢尾花数据集 load_iris()。

◆ 特征工程：分割数据集，one-hot 编码数据集标签值。

◆ 定义模型：定义多层感知机模型。

◆ 训练模型：loss 参数指定多分类交叉熵损失函数，optimizer 参数指定 sgd 优化器，metrics 参数指定精确率和召回率度量标准，使用训练集训练模型，训练次数 epochs 为 100。

◆ 模型测试：调用 evaluate 函数，使用测试集评估模型返回数组[loss 值，精确率，召回率]，使用精确率和召回率计算 F1 分数。

evaluate 函数说明如下。

参数介绍：

● text_x：测试集特征值集合。

● test_y_one_hot：测试集标签值 one-hot 编码。

● verbose=1：打印评估过程详细信息。

返回值：返回评价指标列表，损失函数值和 metrics 指定的度量指标，本例返回 [loss,precision,recall]。

运行结果为：

```
2/2 [==============================] - 0s 1ms/step - loss: 0.7117 - precision: 0.6000 - recall: 0.6000
测试模型评价指标：loss 值，精确率，召回率：
[0.7117040157318115, 0.6000000238418579, 0.6000000238418579]
测试模型的 f1_score 指标
0.6000000238418579
```

5.2 开发环境搭建

5.2.1 Anaconda 介绍

Anaconda 是非常流行的数据分析平台，附带大批常用数据科学包：Conda、Python 和 150 多个科学包及其依赖项。

Anaconda 是在 Conda（包管理器和环境管理器）基础上发展出来的，Conda 可以帮助你在计算机上安装和管理数据分析相关包。Anaconda 的仓库中包含了 7000 多个数据科学相关的开元库，以及虚拟环境管理工具，通过虚拟环境可以使用不同的 Python 版本环境。Anaconda 可用于多个平台：Windows、Mac OS 和 Linux。

本节介绍在 Windows 10 系统下 Anaconda 的安装和使用。

5.2.2 安装 Anaconda

打开 Anaconda 官方下载地址 https://www.anaconda.com/products/individual#Downloads，根据实际操作系统选择相应版本下载，如图 5-10 所示。

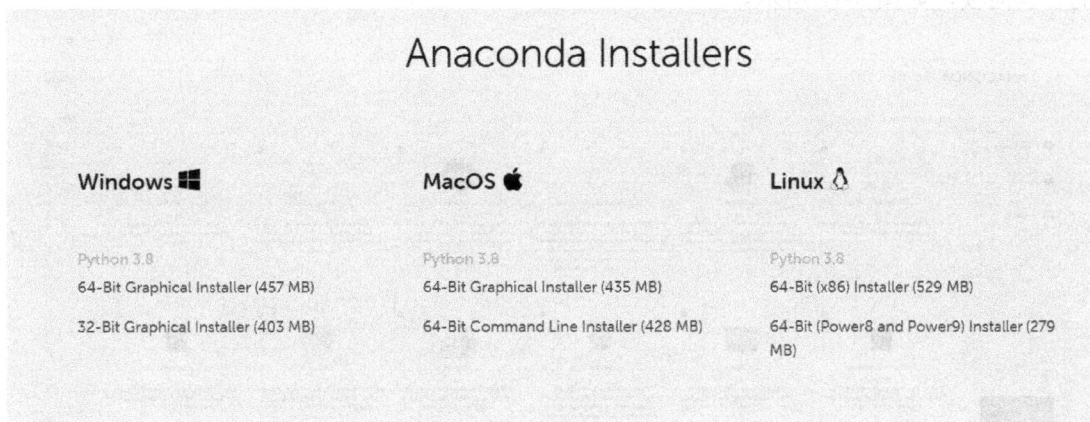

图 5-10 Anaconda 下载页面

下载 exe 安装文件后双击安装文件，按照提示进行安装，需要注意在如图 5-11 所示界面中选择添加环境变量选项。

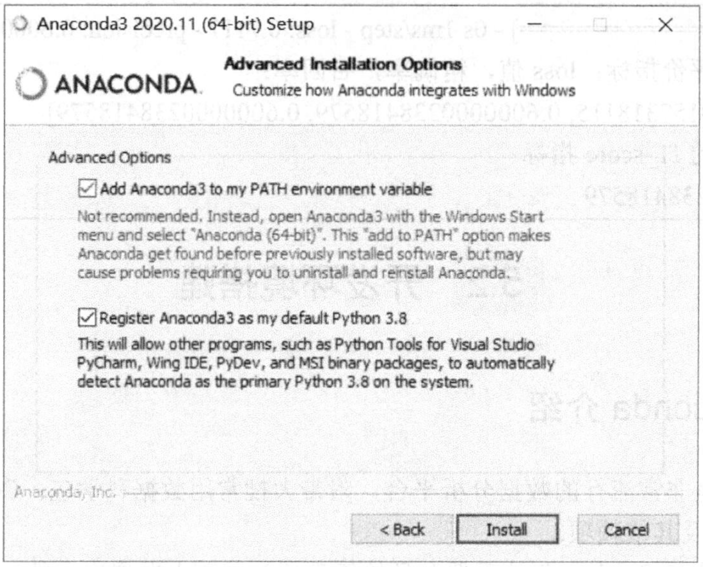

图 5-11　添加环境变量

5.2.3　创建虚拟环境

虚拟环境的作用：很多开源库版本升级后 API 会有变化，老版本的代码不能在新版本中运行，但是使用虚拟环境可以将不同的 Python 版本、不同的开源库版本隔离。

创建虚拟环境可以通过以下两种方式。

方式 1：通过 Anaconda 管理界面创建虚拟环境。

步骤 1：在开始菜单中选择 [Anaconda3 (64-bit)]，然后单击 [Anaconda Navigator] 菜单，打开 Anaconda 的管理面板，如图 5-12 所示。

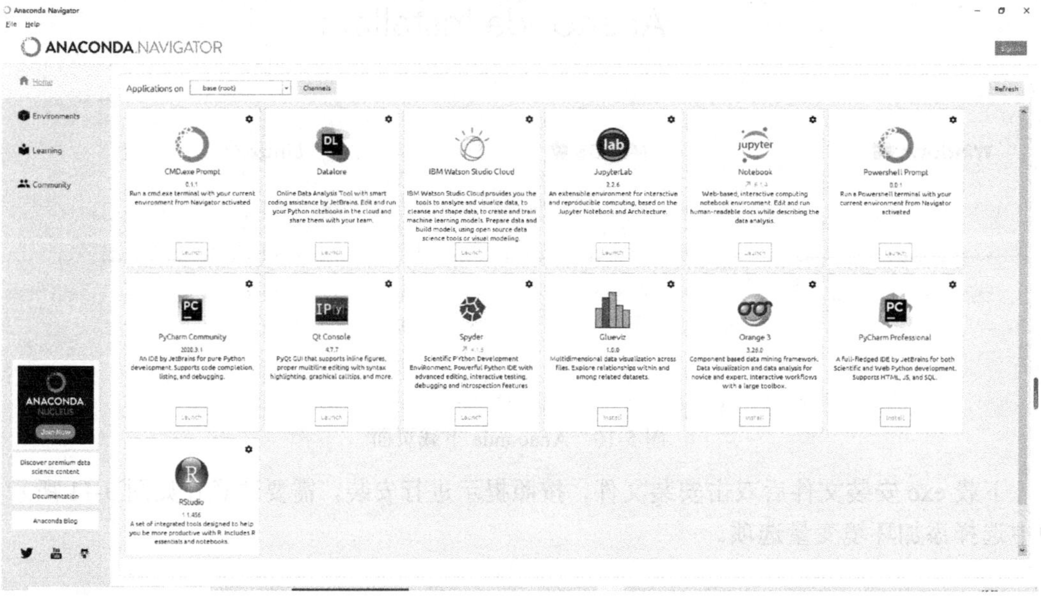

图 5-12　Anaconda 管理面板

步骤 2：单击“Environments”选项卡，进入环境管理界面，单击“添加”按钮，选择 Python 版本，单击“确定”按钮即可创建虚拟环境，如图 5-13 所示。

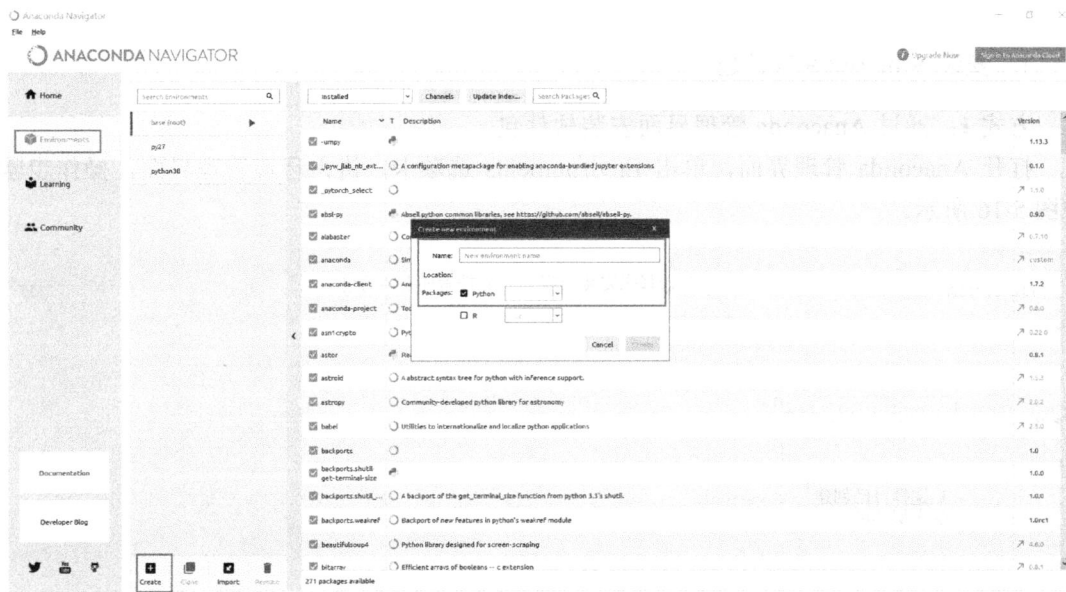

图 5-13　创建虚拟环境

方式 2：通过命令行方式创建虚拟环境。

在开始菜单中选择 Anaconda3 (64 bit)，然后单击 Anaconda Prompt (Anaconda3) 菜单，打开 Anaconda 的命令窗口，使用以下命令管理虚拟环境。

（1）创建虚拟环境。

conda create-n 虚拟环境名字 python=python 版本

（2）进入虚拟环境。

conda activate 虚拟环境名字

（3）退出虚拟环境。

conda deactivate 虚拟环境名字

（4）删除虚拟环境。

conda remove-n 虚拟环境名字--all

例如，要创建一个名为 myenv 的虚拟环境，指定 Python 版本为 3.8，输入创建命令后按回车键，如图 5-14 所示，创建过程中会提示是否继续，输入 y 后按回车键即可。创建成功提示如图 5-15 所示。

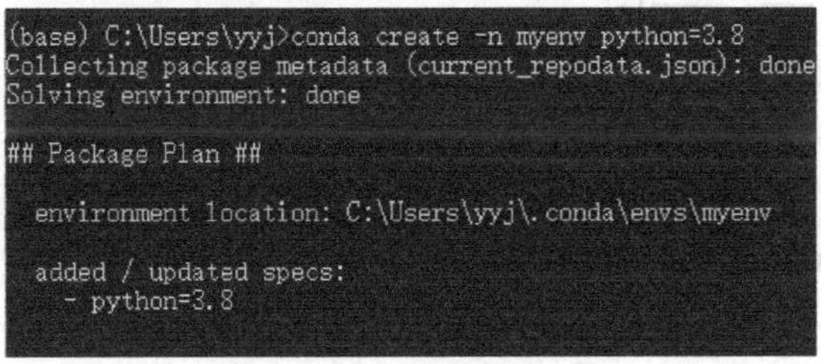

图 5-14　输入创建命令

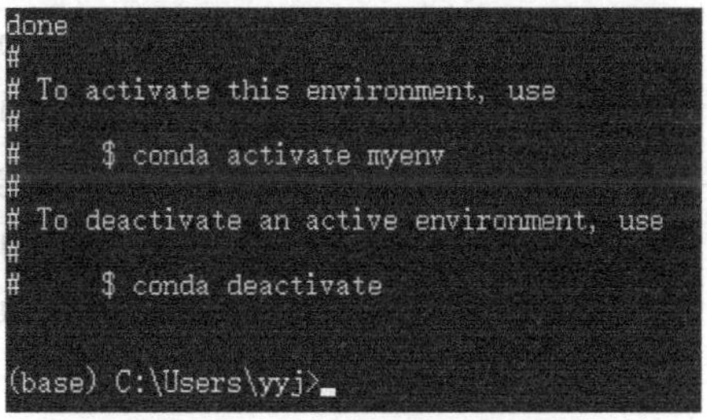

图 5-15　创建成功提示

5.2.4 安装 Anaconda 软件包及所需类库

1. 安装 Anaconda 软件包

方式 1：通过 Anaconda 管理界面安装软件包。

打开 Anaconda 管理界面，单击 Environments 选项卡，进入环境管理界面，操作步骤如图 5-16 所示。

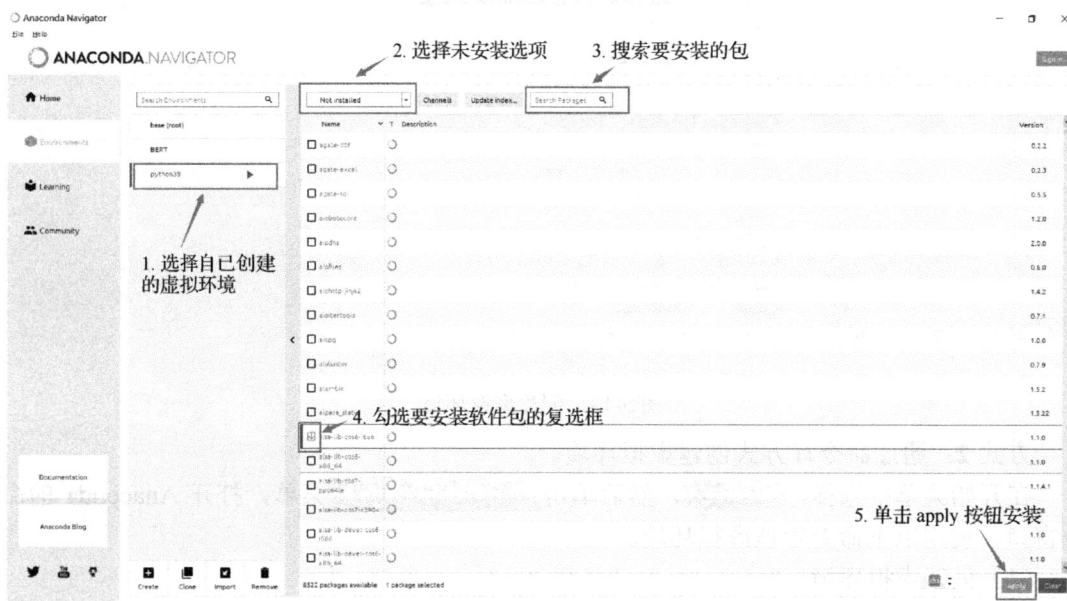

图 5-16 Anaconda 包管理界面

方式 2：通过 Anaconda prompt 命令方式安装。

在开始菜单中选择 ![Anaconda3 (64-bit)]，然后单击 ![Anaconda Prompt (Anaconda3)] 菜单，打开 Anaconda prompt 的命令窗口，使用以下命令安装软件包。

（1）通过 conda install 命令安装。

conda install 包名字

（2）通过 pip install 命令安装。

pip install 包名字

如果安装时下载速度慢，可以指定国内镜像地址。

◆ 阿里云：https://mirrors.aliyun.com/pypi/simple/。

◆ 豆瓣：https://pypi.douban.com/simple/。

◆ 清华大学：https://pypi.tuna.tsinghua.edu.cn/simple/。

◆ 中国科学技术大学：http://pypi.mirrors.ustc.edu.cn/simple/。

如，pip install 包名 -i https://mirrors.aliyun.com/pypi/simple/。

2．安装机器学习基础包

使用阿里云镜像和 pip 安装机器学习基础包的方法：打开 Anaconda prompt 命令窗口，激活虚拟环境，进入虚拟环境后，使用 pip 从阿里云镜像地址下载并安装，输入以下命令：

```
>conda activate  虚拟环境名字
>pip install    numpy matplotlib pandas scipy -i https://mirrors.aliyun.com/pypi/simple/
>pip install    scikit-learn -i https://mirrors.aliyun.com/pypi/simple/
```

3．安装深度学习框架

安装 TensorFlow 深度学习框架，可以选择使用 conda 或者 pip 安装。

（1）使用 conda 安装：

```
conda install tensorflow
```

（2）使用 pip 从阿里云镜像地址安装：

```
pip install tensorflow -i https://mirrors.aliyun.com/pypi/simple/
```

4．安装 Keras 类库

（1）使用 conda 安装：

```
conda install keras
```

（2）使用 pip 从阿里云镜像地址安装：

```
pip install keras -i https://mirrors.aliyun.com/pypi/simple/
```

5.3　图形图像识别案例

5.3.1　基于 TensorFlow 的手写数字图片识别器

案例目标：基于 TensorFlow 搭建手写数字图片识别器。

案例介绍：使用 Keras 内置数据集 MNIST 数据集训练卷积神经网络模型，测试模型正确率。MNIST 数据集是 28px×28px 的灰度手写数字图片集，包含 60000 张训练图片和 10000 张用于测试的图片，图片样例如图 5-17 所示。

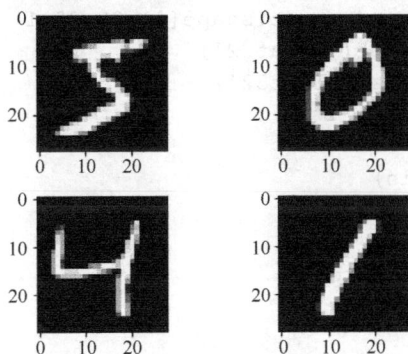

图 5-17　MNIST 数据集图片样例

实现步骤：

步骤 1： 引入模块，使用 mnist.load_data 函数载入数据集。

步骤 2： 特征工程：原始图片是单通道图片，数据存放格式中通道这一维度的形状为 (28,28)，把图片数据转为 3 维数组形状为 (28,28,1)，图像像素值转换为 float 类型并进行标准化处理。对标签值（0～9）进行 one-hot 编码。

步骤 3： 定义模型：定义卷积神经网络模型，网络结构为输入→卷积层 Conv2D→最大池化层 MaxPooling2D→Droupout 层→Flatten 层→全连接层 Dense→全连接层 Dense。

步骤 4： 训练模型：使用 model.compile 函数的 loss 参数指定损失函数，optimizer 参数指定优化器，metrics 参数指定度量指标，model.fit 函数执行训练过程，指定训练数据集，训练次数为 epochs，验证数据集 validation_data。

步骤 5： 测试模型：使用测试集评估训练好的模型，得到模型识别正确率。

【案例 5.14】 手写数字图片识别。

程序代码：

```
#引入 Sequential 模型
from keras.models import Sequential
#全连接层
from keras.layers import Dense
#Dropout 层，正则化，防止模型过拟合
from keras.layers import Dropout
from keras.layers import Flatten
#卷积层
from keras.layers import Conv2D
#池化层
from keras.layers import MaxPooling2D
#提供 one-hot 编码工具
from keras.utils import np_utils
#内置数据集
from keras.datasets import mnist
import numpy as np
#载入数据集
(X_train,y_train),(X_test,y_test) = mnist.load_data()
#通道处理数据
# 为满足 CNN 卷积层结构需要，将输入数据的形状转换为 [samples,width,height,
channels]，增加通道维数
X_train = X_train.reshape(X_train.shape[0],28,28,1)
X_test = X_test.reshape(X_test.shape[0],28,28,1)
X_train = X_train.astype('float32')
X_test = X_test .astype('float32')
#标准化数据
#平均值
mean = np.mean(X_train)
#标准误差
std = X_train.std()
X_train=(X_train-mean)/std
X_test =(X_test-mean)/std

#对目标标签进行 one-hot 编码
```

```
y_train=np_utils.to_categorical(y_train)
y_test=np_utils.to_categorical(y_test)
num_class=y_test.shape[1]
#创建模型
model = Sequential()
#input_shape 输入图像形状为(28,28,1)，指定通道激活函数 relu
model.add(Conv2D(32,(5,5),input_shape=(28,28,1),activation='relu'))
#池化层，通过参数设置窗口大小
model.add(MaxPooling2D(pool_size=(2,2)))
#添加 Dropout 层，正则化的一种方法，防止模型过拟合
model.add(Dropout(0.3))
#将数据压平，即将多维数组转为一维，用于卷积层到全连接层的过渡
model.add(Flatten())
#全连接层
model.add(Dense(240,activation='elu'))
model.add(Dense(num_class,activation='softmax'))
#训练模型，指定损失函数多分类交叉熵损失函数，优化器为'adagrad'，评估指标正确率
model.compile(loss='categorical_crossentropy',optimizer='adagrad',metric
s=['accuracy'])
#批次大小为 200，训练次数为 10
model.fit(X_train,y_train,validation_data=(X_test,y_test),epochs=10,batc
h_size=200,verbose=1)
#模型评估
scores = model.evaluate(X_test,y_test,verbose=0)
print("CNN 正确率:%.2f%%" %(scores[1]*100))
```

运行结果为：

```
Epoch 1/10
300/300 [==============================] - 45s 149ms/step - loss: 1.0996 -
accuracy: 0.7028 - val_loss: 0.4920 - val_accuracy: 0.8816
Epoch 2/10
300/300 [==============================] - 46s 154ms/step - loss: 0.4733 -
accuracy: 0.8680 - val_loss: 0.3388 - val_accuracy: 0.9109
Epoch 3/10
300/300 [==============================] - 40s 135ms/step - loss: 0.3727 -
accuracy: 0.8921 - val_loss: 0.2836 - val_accuracy: 0.9234
Epoch 4/10
300/300 [==============================] - 45s 151ms/step - loss: 0.3240 -
accuracy: 0.9054 - val_loss: 0.2550 - val_accuracy: 0.9290
Epoch 5/10
300/300 [==============================] - 45s 148ms/step - loss: 0.2958 -
accuracy: 0.9121 - val_loss: 0.2320 - val_accuracy: 0.9351
Epoch 6/10
300/300 [==============================] - 42s 141ms/step - loss: 0.2724 -
accuracy: 0.9208 - val_loss: 0.2147 - val_accuracy: 0.9398
Epoch 7/10
```

```
300/300 [==============================] - 42s 141ms/step - loss: 0.2538 -
accuracy: 0.9255 - val_loss: 0.2017 - val_accuracy: 0.9429
    Epoch 8/10
    300/300 [==============================] - 43s 144ms/step - loss: 0.2384 -
accuracy: 0.9305 - val_loss: 0.1904 - val_accuracy: 0.9456
    Epoch 9/10
    300/300 [==============================] - 42s 140ms/step - loss: 0.2251 -
accuracy: 0.9344 - val_loss: 0.1798 - val_accuracy: 0.9482
    Epoch 10/10
    300/300 [==============================] - 47s 155ms/step - loss: 0.2150 -
accuracy: 0.9377 - val_loss: 0.1708 - val_accuracy: 0.9509
    CNN 正确率：95.09%
```

5.3.2 基于 TensorFlow 的预训练模型 VGG16 识别图片物体

案例目标：使用预训练模型 VGG16 识别图片物体。

案例介绍：VGG 模型是由 Simonyan 和 Zisserman 在文献 *Very Deep Convolutional Networks for Large Scale Image Recognition* 中提出的卷积神经网络模型，其名称来源于作者所在的牛津大学视觉几何组（Visual Geometry Group）的缩写。VGG16 网络结构共包含：13 个卷积层（Convolutional Layer）、3 个全连接层（Fully Connected Layer）和 5 个池化层（Pool Layer）。VGG16 网络结构复杂，参数数目很多，训练时间会很长。本案例使用 VGG16 预训练模型，预训练模型是按照载入数据、特征工程、定义模型、训练模型、测试模型的步骤训练好的模型，载入该预训练模型，直接使用模型进行图像识别。

准备条件：

准备一张本地 RGB 彩色图片，本案例中使用的图片如图 5-18 所示，图片大小为 224px×224px×3，即宽高均为 224px 的 RGB 彩色图片。

实现步骤：

步骤 1：载入 VGG16 预训练模型，读取本地图片。

步骤 2：对图片数据进行特征工程处理，转换为符合模型输入的格式。

步骤 3：调用模型 predict 函数识别图片内容返回识别结果。

步骤 4：调用 decode_predictions 函数解码识别结果，得到识别结果的文字表示。

图 5-18　原始图片

【实例 5.15】 VGG16 图片识别。

程序代码：

```
#Keras 类库的应用模块（keras.applications）提供了带有预训练权值的深度学习模型，这些模型可以用来进行预测、特征提取和微调（fine-tuning）
from keras import applications
from keras.models import Sequential,Model
```

```
from keras.applications.vgg16 import VGG16
#数据预处理和解码预测
from keras.applications.vgg16 import preprocess_input,decode_predictions
import numpy as np
from keras.preprocessing import image
#使用预训练好的模型，并且带有全连接层预测分类
#第一次下载模型存放在 C:/用户/用户名/.keras/model
model = VGG16(weights='imagenet',include_top=True)
model.summary()
#加载本地图像，图像宽高均为 224
img = image.load_img('./cat.jpg',target_size=(224,224))
#将图像数据转换为三维数组[宽,高,通道数]=[224,224,3]
img = image.img_to_array(img)
#将数据转换为 4 维数组，相当于只有一个样本的样本数组[样本数,宽,高,通道数]=
[1,224,224,3]
img = np.expand_dims(img,axis=0)
#进行数据预处理
img = preprocess_input(img)
#预测
preds= model.predict(img)
preds
#解码预测
#预测结果的前 3 个即预测概率最高的 3 个，每个预测结果包含的信息为（类名,语义概念,预测概率）
pred_class = decode_predictions(preds,top=3)[0][0]
print("预测类别: ",pred_class[1])
```

说明： 输出打印 VGG16 模型的网络结构，以及预测结果 tabby，也就是斑猫。

运行结果为：

Model: "vgg16"		
Layer (type)	Output Shape	Param #
input_3 (InputLayer)	[(None, 224, 224, 3)]	0
block1_conv1 (Conv2D)	(None, 224, 224, 64)	1792
block1_conv2 (Conv2D)	(None, 224, 224, 64)	36928
block1_pool (MaxPooling2D)	(None, 112, 112, 64)	0
block2_conv1 (Conv2D)	(None, 112, 112, 128)	73856
block2_conv2 (Conv2D)	(None, 112, 112, 128)	147584
block2_pool (MaxPooling2D)	(None, 56, 56, 128)	0

block3_conv1 (Conv2D)	(None, 56, 56, 256)	295168
block3_conv2 (Conv2D)	(None, 56, 56, 256)	590080
block3_conv3 (Conv2D)	(None, 56, 56, 256)	590080
block3_pool (MaxPooling2D)	(None, 28, 28, 256)	0
block4_conv1 (Conv2D)	(None, 28, 28, 512)	1180160
block4_conv2 (Conv2D)	(None, 28, 28, 512)	2359808
block4_conv3 (Conv2D)	(None, 28, 28, 512)	2359808
block4_pool (MaxPooling2D)	(None, 14, 14, 512)	0
block5_conv1 (Conv2D)	(None, 14, 14, 512)	2359808
block5_conv2 (Conv2D)	(None, 14, 14, 512)	2359808
block5_conv3 (Conv2D)	(None, 14, 14, 512)	2359808
block5_pool (MaxPooling2D)	(None, 7, 7, 512)	0
flatten (Flatten)	(None, 25088)	0
fc1 (Dense)	(None, 4096)	102764544
fc2 (Dense)	(None, 4096)	16781312
predictions (Dense)	(None, 1000)	4097000

```
=================================================================
Total params: 138,357,544
Trainable params: 138,357,544
Non-trainable params: 0
```

预测类别: tabby

5.3.3　调用百度 API 接口进行图像识别

案例目标：使用百度 API 服务接口进行图像识别。

案例介绍：使用百度 API 的图像文字识别服务，这种方式不依赖于本地的安装环境，实际的识别操作是在百度服务器端完成的，使用 HTTP 调用百度接口就可以完成。百度 AI 开放平台提供图像识别、文字识别等多种服务接口。百度 API 图像文字识别服务是按照载入数据、特征工程、定义模型、训练模型、测试模型的步骤搭建的人工智能系统。

准备条件：

使用百度 API 服务首先要申请百度账号，然后在百度 AI 开放平台中创建应用，创建应用时要选择需要的应用功能。本案例选择文字识别应用，获取 AppID、API Key、Secret Key，然后使用密钥调用百度 API。获取密钥方式参考百度官网地址 https://ai.baidu.com/ai-doc/REFERENCE/Ck3dwjgn3。百度文字识别 API 有免费调用次数限制。

百度文字识别服务支持识别的图像格式有 PNG、JPG、JPEG、BMP、TIFF、PNM 和 WebP，调用接口时需要对图像数据进行 base64 编码，编码后的数据大小不能超过 4MB，图像宽或高最短边不小于 15px，最长边不超过 4096px。

准备一张图片，本案例中使用 JPG 格式图片，如图 5-19 所示。

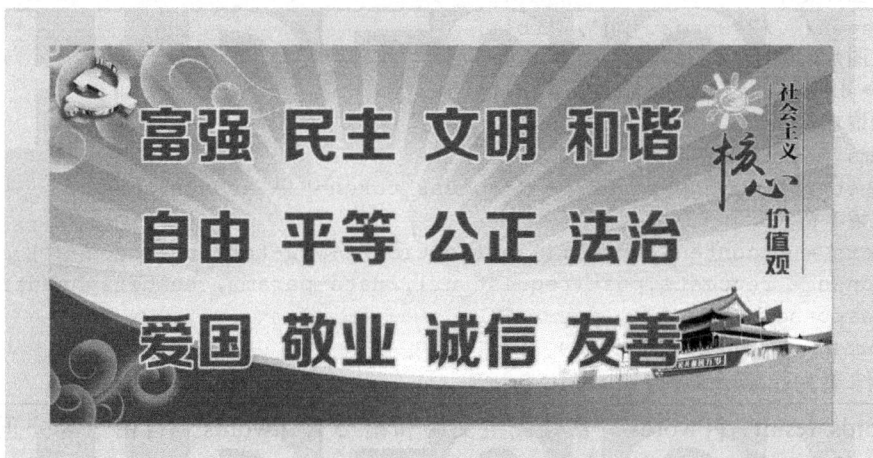

图 5-19　原始图片

实现步骤：

步骤 1：调用百度 API 接口，通过 https://aip.baidubce.com/oauth/2.0/token 网址获得 access_token。接口参数说明如下。

- grant_type：必需参数，固定为 client_credentials。
- client_id：必需参数，应用的 API Key。
- client_secret：必需参数，应用的 Secret Key。

步骤 2：读取本地图片文件，进行 64 位编码，组织请求 API 参数。

步骤 3：调用文字识别 API 接口 https://aip.baidubce.com/rest/2.0/ocr/v1/general_basic，并打印返回信息。

【实例 5.16】 百度 API 文字识别。

程序代码：

```python
import base64
import urllib
from typing import BinaryIO
from urllib.parse import urlencode
from urllib import request
import requests
from urllib.request import urlopen
import json
host = 'https://aip.baidubce.com/oauth/2.0/token?grant_type=client_
credentials&client_id=CR4FOW9IQfVyAW1njR5urTcj&client_secret=WkRNXNsNP1VFVS
4fanCAPsMt2zsuDix'
headers = {
    'Content-Type': 'application/json;charset=UTF-8'
}
res = requests.get(url=host, headers=headers).json()
#得到 access_token
access_token=res['access_token']
#调用 API 接口识别图片文件
request_url = "https://aip.baidubce.com/rest/2.0/ocr/v1/general_basic"
#打开图片文件
f = open('./24words.jpg', 'rb')
#读取图片，进行 64 位编码
img = base64.b64encode(f.read())
#组织请求参数
params = {"image":img}
request_url = request_url + "?access_token=" + access_token
#设置请求格式头
headers = {'content-type': 'application/x-www-form-urlencoded'}
response = requests.post(request_url, data=params, headers=headers)
if response:
    print (response.json())
```

运行结果为：

{'words_result': [{'words': '富强民主文明和谐 5'}, {'words': '自由平等公正法治'}, {'words': '爱国敬业诚信友善'}], 'log_id': 1353882533791531008, 'words_result_num': 3}

5.4 语音识别案例

案例目标： 使用百度 API 服务接口进行语音识别。

案例介绍： 百度 AI 开放平台提供了语音识别功能 API 接口，使用百度 API 的语音识别服务，不依赖于本地的安装环境，实际的识别操作是在百度服务器端完成的，使用 HTTP 调用百度接口就可以完成。百度 API 语音识别服务是按照载入数据集、语音特征提取、定义模型、训练模型、测试模型的步骤搭建好的人工智能系统。

准备条件：

使用百度 API 服务首先要申请百度账号，使用百度账号登录百度 AI 开放平台创建应用，创建应用时选择需要的应用功能。本案例选择语音识别应用，获取 AppID、API Key、Secret Key，然后使用密钥调用百度 API。获取密钥具体步骤参考百度官网地址 https://ai.baidu.com/ai-doc/REFERENCE/Ck3dwjgn3。百度语音识别 API 有免费调用次数限制。

百度语音识别 API 服务支持的音频格式有 pcm（不压缩）、wav（不压缩，pcm 编码）、amr（压缩格式）、m4a（压缩格式）。采样率支持 16000、8000 固定值。编码支持 16bit 位深的单声道。百度服务器端会将非 pcm 格式文件转换为 pcm 格式，因此使用 wav、amr、m4a 格式时会有额外的转换耗时。

本案例下载百度官网提供的音频样例文件 16k.wav 进行识别。

实现步骤：

步骤 1：调用百度 API 接口，通过 https://aip.baidubce.com/oauth/2.0/token 网址获得 access_token。

步骤 2：读取音频文件，进行 64 位编码，组织请求 API 参数。

步骤 3：调用语音识别 API 接口 http://vop.baidu.com/server_api，并打印返回识别信息，并把识别结果保存在文件中。

【**实例 5.17**】　百度 API 语音识别。

程序代码：

```python
import base64
import urllib
from typing import BinaryIO
from urllib.parse import urlencode
from urllib import request
import requests
from urllib.request import urlopen
import json

host = 'https://aip.baidubce.com/oauth/2.0/token?grant_type=client_
credentials&client_id=RuAbnm7ETqlF2XqCNLkulIVk&client_secret=HbzlRy8HgqNlgy
MtATX9BTSPQvcDoT8'
#response = requests.get(host)
headers = {
    'Content-Type': 'application/json;charset=UTF-8'
}
response = requests.get(url=host, headers=headers).json()
#得到 access_token
access_token=response['access_token']
#需要识别的文件
AUDIO_FILE = './audio/16k.pcm'
#文件格式，文件后缀只支持 pcm、wav、amr 格式，极速版 API 额外支持 m4a 格式
FORMAT = 'pcm'
#用户唯一标识，自己定义
CUID = '123456PYTHON'
#采样率
RATE = 16000  # 固定值
#1537 表示识别普通话，1737 表示英语，1637 表示粤语等其他参考官网文档
DEV_PID = 1537
```

```
#语音识别接口
ASR_URL = 'http://vop.baidu.com/server_api'
#读取音频文件，将数据赋值给 speech_data 变量
speech_data = []
with open(AUDIO_FILE, 'rb') as speech_file:
    speech_data = speech_file.read()
#音频数据长度
length = len(speech_data)
#对语音数据进行 64 位编码
speech = base64.b64encode(speech_data)
#utf-8 编码
speech = str(speech, 'utf-8')
params = {'dev_pid': DEV_PID,#识别语言类型
          'format': FORMAT,#音频文件格式
          'rate': RATE,#音频文件采样率 固定值为 16000 或 8000
          'token': access_token,#获取 access_token
          'cuid': CUID,#用户唯一标识
          'channel': 1,#单声道固定值 1
          'speech': speech,#语音数据
          'len': length#语音数据长度
          }
#json.dumps 将一个 Python 数据结构转换为 JSON
post_data = json.dumps(params, sort_keys=False)
    #print post_data
#请求 API 服务
res = requests.post(url=ASR_URL,data=post_data,headers=headers).json()
print(res)
#保存返回结果到 result.txt
with open("result.txt","w") as of:
    for sen in res['result']:
        of.write(sen)
```

说明：识别结果并存放在 result 文件中。

运行结果为：

{'corpus_no': '6923936230990092927', 'err_msg': 'success.', 'err_no': 0, 'result': ['北京科技馆。'], 'sn': '576407616361612104529'}

5.5 人机对话案例

案例目标：使用青云客 API 搭建聊天机器人。

案例介绍：聊天机器人系统框架如图 5-20 所示。

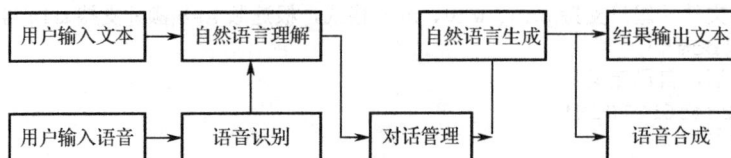

图 5-20 聊天机器人系统框架

- 用户输入文本：对话的媒介是语音或者文本，即用户可以输入语音或者文字。若用户输入语音，首先通过语音识别技术得到文本。
- 自然语言理解：使用语料库作为数据集，根据情景需要按照人工智能开发过程训练文本分类识别器，如使用实体识别器识别出文本中的人名、地名、时间等专有名词，情感识别器识别出用户的正面情绪、负面情绪，意图识别器识别出用户的具体需求目的。
- 对话管理：对话引擎根据自然语言理解识别的结果匹配最佳回复的关键词。
- 自然语言生成：合成人类可以理解的语言格式，将关键的单词短语组合成结构良好的完整的句子。
- 结果输出文本：若对话媒介是文本，直接输出文本；若对话媒介为语音，将语音合成之后输出语音。

本案例使用青云客 API 搭建一个聊天机器人应用，直接调用 API 构建对话应答。

实现步骤：

步骤 1： 定义 qingyunke 函数实现调用青云客接口，并得到对话回答的功能。

步骤 2： 等待用户输入信息，用户输入文本信息。

步骤 3： 调用 qingyunke 函数，得到用户输入信息的应答。

步骤 4： 打印应答消息并语音播放应答信息。

【实例 5.18】 人机对话案例。

程序代码：

```
import urllib
import urllib
import requests
from win32com.client import constants,Dispatch
def qingyunke(msg):
    url   =   'http://api.qingyunke.com/api.php?key=free&appid=0&msg={}'.
format(urllib.parse.quote(msg))
    html = requests.get(url)
    return html.json()["content"]
while True:
    #Python3.x 中 input 函数接收一个标准输入数据，返回值为 string 类型
    msg = input().rstrip()
    print("我: ", msg)
    res = qingyunke(msg)
    print("青云客: ", res)
    speaker = Dispatch("SAPI.SpVoice")#创建 SAPI.SpVoice 对象
    #语音播放应答消息
    speaker.Speak(res)
    del speaker
```

运行结果为：

```
你好
我：你好
青云客：好啊~你更好
是吗
我：是吗
```

青云客：当然，还用问吗

5.6 小结

　　人工智能系统的开发过程一般是按照特征工程、定义模型、训练数据、模型测试的步骤进行的。针对不同的应用场景，有不同的数据集。在特征工程步骤，按照实际需求选择特征提取方式，确定数据分割比例，是否进行特征预处理，是否进行特征降维；在定义模型步骤，根据不同的分类识别问题选择合适的模型；在训练阶段选择合适的目标函数和优化器进行训练，之后测试训练模型。

5.7 习题

　　练习 1　用于分类问题的损失函数有哪些？

　　练习 2　用于评估分类模型的常用度量指标有哪些？

　　练习 3　使用鸢尾花数据集训练一个多层感知机模型，得到分类器，并用正确率度量模型性能。

　　提示说明：鸢尾花数据集可以使用 Keras 的内置数据集，加载方式如下：

```
from sklearn.datasets import load_iris
#加载数据集
iris = load_iris()
#由 4 个属性特征预测种类
X, y = iris.data[:, :4], iris.target
```

第6章 人工智能在教育领域的应用

6.1 人工智能在教育领域的应用概述

教育是人类传承文明、培养人才、创造美好生活的根本途径，社会也需要通过教育培养人才、传授已知、更新旧知、开拓新知、探索未知。百年大计，教育为本。自改革开放以来，中国坚定地实施科教兴国战略，始终把教育摆在优先发展的战略地位，不断地扩大投入，努力发展全民教育、终身教育，建设学习型社会。党的十八大以来，以习近平同志为核心的党中央全面加强党对教育事业的领导，以"立德树人"为根本任务，全面推进教育改革与现代化。以人工智能为代表的新一代信息技术高速发展，为教育改革带来了新的契机。

人工智能作为引领教育改革的重要驱动力，正改变着人们的教育和学习方式，推动人类社会步入智能时代。随着人工智能、大数据、物联网等技术的飞速发展，带来了人才需求与教育形态的改变，在此背景下传统教育的教与学的方式、教育理念、教育文化与生态急需改革创新。AI 作为教学内容、AI 作为教学手段、AI 作为管理手段、AI 作为数字人扮演教师及学习伙伴，这些不仅改变了教与学的方式，更加深刻地影响了教育的理念、文化、生态和战略。

"AI+教育"是指在人工智能与教育深度融合的条件下，以基于教育场景的人工智能应用为路径，促进教育公平，提升教育质量，实现教育数字化、智能化、个性化。"AI+教育"既要依赖于人工智能技术核心，始终围绕以基础教学数据、人工智能核心算法为教育教学服务的目的；更要遵循教育教学的本质，始终关注教育教学的目标及其评价方式。具体来看，"AI+教育"是人工智能在教育领域中创新应用的技术、模式与实践的集合，可划分为"计算智能+教育"、"感知智能+教育"和"认知智能+教育"，即"AI+教育"正从"能存会算"向"能听会说"与"能看会认"发展，最终实现"能理解与会思考"。

人工智能给教育带来新的原动力，但机遇与挑战并存，将人工智能应用于教育中的教学、管理、学习、考试等场景，让教育变得更加科学、智能、系统、便捷，同时教育也要加快步伐适应这种变革。在这一趋势下，人才培养的目标也逐步以传统的教育模式中以"成绩为主"转向以"学生为中心"，将教育的着重点转向每个学生，实现个性化、智能化、合理化、定制化的教学服务系统。教育信息化成为教育现代化中的关键环节，"AI+教育"的发展推动着教育信息化进入了智能化时代。教育部门提出全面深化改革，其本质就是推动"工业化教育模式"向"智能化教育模式"转变。要实现这个变革，人工智能技术及人才是不可或缺的基础。

在我国，"AI+教育"的参与主体主要包括政府（政）、学校（学、用）、研究机构（研）、企业（产）。"AI+教育"已在多个场景应用落地，包括智能搜索、学情检测、口语评测、智能备课、VR 实验、线上课堂、智慧校园、智慧图书馆等，推动教育向信息化、在线化、智慧化发展。

未来，AI 在教育领域的应用场景还将不断地扩展和丰富，如智能学伴、智慧课堂、定制化家教等，建立更加智能、开放、平等、可持续发展的教育体系，为构建智慧社会奠定基础，让教育向着网络化、数字化、个性化、智能化、终身化的美好蓝图迈进。

6.2 智能教学

6.2.1 智能教学概述

智能教学是学校教育信息化聚焦于教学、聚焦于课堂、聚焦于师生活动的必然结果，是利用人工智能、大数据、云计算、物联网和移动互联网等新一代信息技术打造的智能、高效的课堂。以学生为中心，基于学校实际的教学管理需求，围绕课前、课中、课后教学闭环，集"教""学""评""管"于一体，通过信息技术与教学场景的深度融合，构建线上学习空间与实体教学课堂相融合的创新型学习空间，通过线上线下混合式教学模式，实现学校的教学模式、服务形式、管理方式的变革与创新。通过智能化的方式提高教学效率，增强教学互动，基于语音识别、知识图谱、图像识别等技术提供了一系列的智能化工具，包括实时翻译、中文字幕、学生图谱、协同笔记、互动课堂等。

从教育教学活动的角度来看，当前的教育场景可划分为"教""学""管""考"四个场景，如图 6-1 所示，各个场景下均有已落地的人工智能教育应用。其中，"教"和"管"的主体是教育者，前者负责执行教学任务，主要工作包括教研、备课、授课、答疑、出题、阅卷等，工作内容烦琐，核心需求是减轻负担，实现精准化教学；后者负责统筹教务环节，主要工作包括教职工招募、师生督导、招生、分班排课、校园建设等，决策环节需考虑因素较多，核心需求是提高效率，实现科学化管理。"学"与"考"的主体是受教育者，在"学"的场景下，学生的主要任务包括预习、听课、看书、做作业、复习、考试、实习等，由于

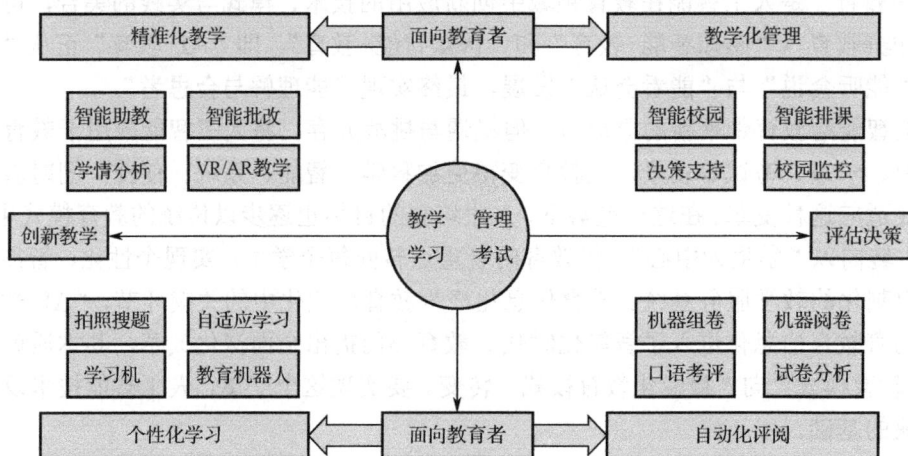

图 6-1　智能教学应用场景

学生个体差异大，核心需求是自适应，实现个性化学习；在"考"的场景下，主要面向大规模标准化测试，阅卷的工作量庞大，部分测评环节劳动力密集且效率低下，核心需求是保证准确性的前提下，实现自动化评阅。

6.2.2　错别字修改案例

无论是在传统教学还是网络化教学中，作业批改都是最耗时间的环节之一，教师的工作量很大一部分来源于批改作业。作业批改系统在对学生作业预批后可检测出文中常见的错别字、标点误用及语法问题，高亮提示并给出修改建议，能够有效减少教师的工作量。

本案例将利用百科荣创 AI 虚拟仿真实训平台（以下简称平台或云平台）实现，该平台是百科荣创（北京）科技发展有限公司经过多年教育行业经验的积累以及对人工智能技术领域的深刻理解，而推出的面向人工智能通识教育的云服务平台。平台从流程图式、可视化编程、三维虚拟仿真的设计理念出发，考虑到学生的不同学习阶段，对标准 API 编写、AI 模型训练部署的技术进行了详尽的功能设计，深化易学、易懂、高效、实用的教学理念。平台包括实现人工智能场景必要的各类功能模块总数近百个，包含图像、文字、语音等涵盖各领域的 AI 通用技术。

通过虚拟仿真可实现错别字修改功能，操作步骤如下。

步骤 1：打开链接 https://www.r8c.com/index/ai-cognitive/ai，进入 AI 智能应用系统开发平台，单击"空白项目"图标，新建一个空白项目，如图 6-2 所示。

图 6-2　创建空白项目

步骤 2：添加文本输入控件，选择"语言识别"中的"文本纠错"控件，可实现错别字的检测与修改。使用"文字工具"中的"结果拆分"控件与"输出控件"中的"文字输出"控件，可以看到具体修改的错字、修改建议以及置信度。具体场景的构建如图 6-3 所示。

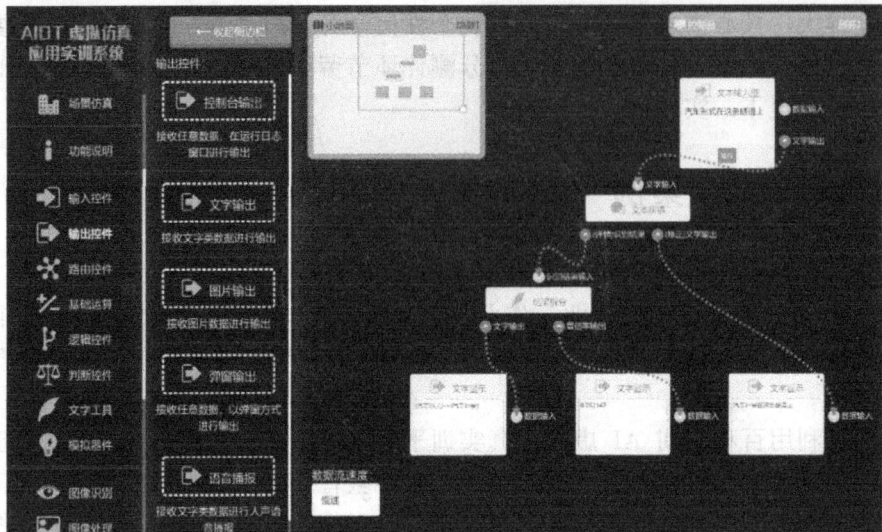

图 6-3　构建错别字修改场景

6.3　智能评分

6.3.1　智能评分系统概述

　　智能评分系统是"AI+教育"应用中"评"这一关键环节的主要体现，重点解决考试、测评、日常教学等场景中对教学结果的检测。不同于传统的人工阅卷或作业批改方法，智能评分系统集考生智能终端、评委智能终端、服务器和管理中心于一体，实现对学生学习成果的系统化、智能化、科学化评价。人工智能用于教育教学评分的场景主要包括机器组卷、口语测评、智能阅卷、学情追踪、机器阅卷、试卷分析等。

　　口语测评：从"测"的角度来看，口语应用场景包括朗读与复述、陈述与表达、演讲与问答，不同场景对应考查学生不同的口语能力，并且学生表达的主观灵活性逐渐提升。从"评"的角度来看，口语测评的核心功能是实现自动评分与纠正，即告知学生其在不同口语能力上的掌握程度，并指明正确的练习和表达方式。

　　智能阅卷：通过智能扫描仪，轻松实现数据的自动采集、统计与分析。客观题部分自动识别阅卷并赋分，主观题部分由教师手动批阅赋分。试卷扫描之后所有题目及答题情况以图片格式上传至智慧评价平台，系统通过"留痕识别"技术自动完成统计分数，不改变教师的批改习惯，保留教师原笔迹批注，阅卷质量高且精准高效。

　　学情追踪：通过教师客户端上传的学生试卷数据进行多维度的数据分析，教师可以了解班级基本数据、学生年级排名、成绩波动大的学生、学生学习过程中的薄弱点、各类统计分析成绩报表、成绩单、逐题分析等学情；通过学生追踪生成学生答案，及时追踪学生学习情况，对症下药提高临界生转化率，让优等生提优，学困生补差。

　　智能评分：大致分为输入待评分内容、评分、输出评分结果。智能评分系统用于考试测评时，包括考生智能终端、评委智能终端、服务器和管理中心。考生智能终端用于采集考生参赛信息，包括文字、音频和视频，对其进行处理并上传至服务器。评委智能终端用于对学生智能终端进行监督管理，并上传考场信息等。服务器和管理中心是智能评分系统的核心，包括评分准则、学生信息管理、评委信息管理、监考场地管理分配和结果输出等功能。智能评分系统结构如图 6-4 所示。

　　试卷分析：当前学校学生考试仅考核理论知识，却很少能实现对考试结果的综合科学分析，以此来优化下一次的试卷出题及评分方式。并且技能考核的公平性不够理想，仅考核理论这种单一的指标不能全面反映学生的技能水平、教师的专业水平、教学质量提升等，可能导致不公平、

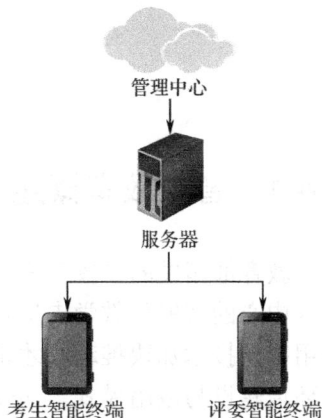

图 6-4　智能评分系统结构

不公正现象频发。因此需要对大量的试题试卷进行综合分析评价，以此来不断地提高测评质量。

6.3.2　文章主题提取案例

　　文章主题提取的主要目的是提取一段中文文字的主要内容，主要利用中文分词、词性标注、信息抽取等自然语言处理技术对文章进行标注分类，去除文章中的修饰词语及句子，仅保留主干部分，最终提取整段文章的主题内容。

　　通过虚拟仿真，可实现文章主体提取功能，操作步骤如下。

　　步骤 1：进入 AI 智能应用系统开发平台，单击"空白项目"图标，新建一个空白项目。

　　步骤 2：选择"输入控件"中的"文字输入"控件，输入一段中文段落。然后选择"语言处理"中的"文章摘要识别"控件，对输入的文字进行处理，提取主要内容。最后选择"文字输出"控件输出主题提取结果，如图 6-5 所示。

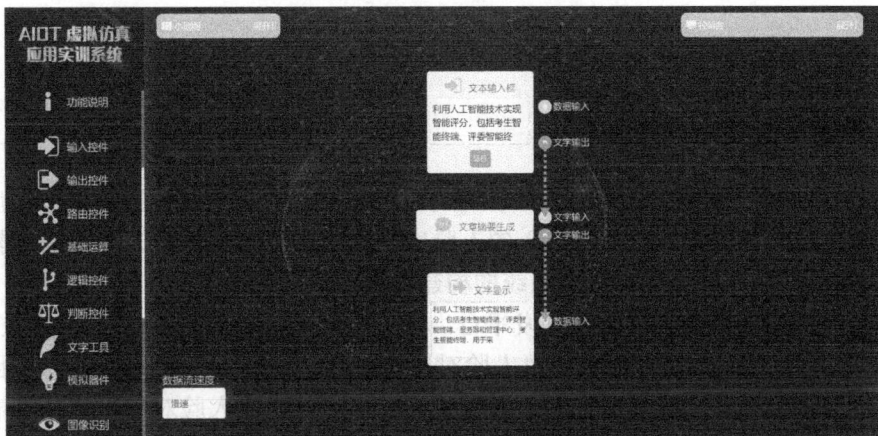

图 6-5　构建文章主题提取场景

6.4 智能教室

6.4.1 智慧教室概述

教育部印发的《教育信息化 2.0 行动计划》中提道:"大力推进智能教育,开展以学习者为中心的智能化教学支持环境建设,推动人工智能在教学、管理等方面的全流程应用,利用智能技术加快推动人才培养模式、教学方法改革,探索泛在、灵活、智能的教育教学新环境建设与应用模式。"正是在这样的时代背景下,随着互联网+、大数据等技术的普及,智慧教室应运而生。它融合了一系列的智能交互设备,贯穿课前、课中、课后教学全流程。

在学校,课堂教学环节是学生接受系统教育最重要的一环,做好教学互动,是掌握教学环节的质量,提高教学水平的关键。现行的教学过程中,传统的签到环节、疑问确认环节、提问互动环节、课堂小测试环节存在诸多问题。签到过程中,使用纸张签到,效率低且存在代签现象,结果也不便于教师统计;提问互动环节和课堂小测试的环节中,教师给出简单选择后,学生举手或者口头回答,不能获得准确的统计数据,更无法进行后期的数据挖掘和数据统计工作。因此传统的教学方式已经不适应现代化教学的需要,基于人工智能技术,集智慧教学、人员考勤、资产管理、环境智慧调节、视频监控及远程控制于一体的新型现代化智慧教室系统正在逐步推广运用。

智慧教室作为一种新型的教育形式和现代化教学手段,给教育行业带来了新的机遇。智慧教室有别于传统授听课方式,课前学生提前预习,课中学习分组讨论,随时测试,教师能快速掌握每位学生学习情况,并进行针对性指导。智慧教室运用现代化手段切入整个教学过程,让课堂变得简单、高效、智能,有助于开发学生自主思考与学习能力。围绕互动课堂,通过语音、视觉等识别课堂上的动作、对话,监测教学质量,动态调整授课节奏。智慧教室的更多应用场景体现于 AI 考勤、举手识别、口语评测和课件生成等。

6.4.2 智能教室功能模拟

1. AI 考勤系统

AI 考勤系统主要使用人脸识别技术实现考勤打卡功能。首先将人脸录入数据库,当识别到新的人脸时,将当前人脸与已录入的人脸库进行对比,确定当前人脸已进入教室。

通过虚拟仿真,可实现 AI 考勤系统的构建,操作步骤如下。

步骤 1:进入 AI 智能应用系统开发平台,单击"空白项目"图标,新建一个空白项目。

步骤 2:选择"人脸识别"中的"人脸对比"控件,对输入人脸数据进行人脸相似度比对,输出人脸相似度。将"摄像头输入"控件的输出作为"人脸对比"控件的输入,再选择"文字显示"控件将人脸对比结果进行输出,如图 6-6 所示。

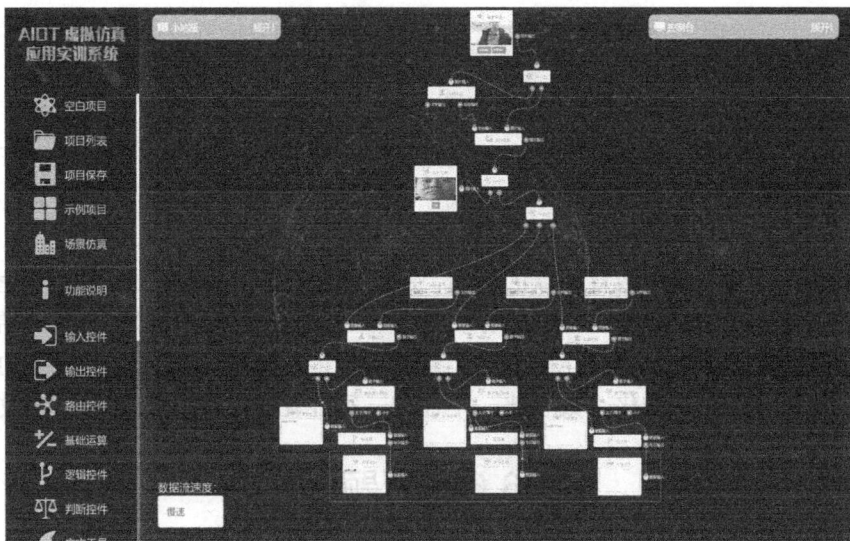

图 6-6　构建 AI 考勤系统

2．智能情景设备管控系统

智能情景设备管控系统由语音控制系统和智能环境监测系统实现。语音控制系统通过识别语音指令实现风扇与电灯的控制，智能环境监测系统可根据环境状态实现对风扇和电灯的控制。

通过虚拟仿真，可实现智能情景设备管控系统的构建，操作步骤如下。

首先创建一个空白项目，然后根据控制系统需求添加"语音识别""风扇模拟器件""电灯模拟器件"等控件，实现语音指令控制风扇和电灯开启功能。最后使用"文本判断""数字判断""逻辑运算"等控件，实现投影仪打开自动关闭电灯、环境温度过高自动开启风扇的功能，如图 6-7 所示。

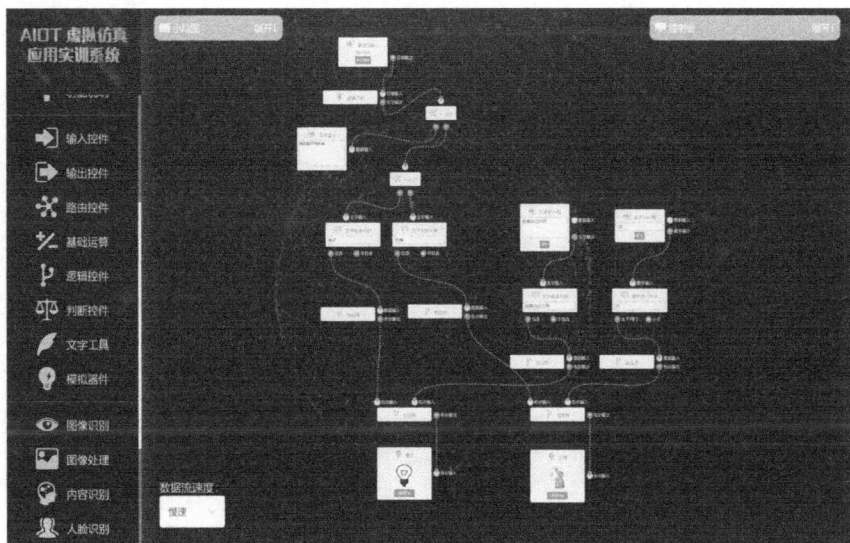

图 6-7　构建智能情景设备管控系统

6.5　小结

　　人工智能、大数据、物联网等技术的飞速发展，带来了教育形态的改变，在此背景下人工智能不仅改变了传统教育教与学的方式，而且逐渐渗透并影响着教育理念、文化、生态和战略。

　　本章介绍了人工智能在教育领域的应用，包括智能教学、智能评分、智能教室场景等。

　　未来，人工智能在教育领域的应用场景必然不止于此，还将不断地探索、扩展和丰富，例如智能学伴、智慧课堂、定制化家教等，建立更智能、开放、协同、可持续的教育生态体系，推动教育向更加网络化、数字化、个性化、智能化、终身化的方向快速发展。

6.6　习题

一、选择题

1. 智能评分系统属于哪个层次的智能系统？（　　　）
    A．计算智能　　　　B．人工智能　　　　C．感知智能　　　　D．认知智能
2. "AI+教育"没有利用以下哪项技术？（　　　）
    A．人工智能　　　　B．物联网　　　　　C．光纤通信　　　　D．大数据

二、简答题

1. 智慧教室可以由哪些系统组成？
2. 如何利用人工智能实现"智能评分"？
3. "AI+教育"的定义是什么？

第7章 人工智能在安防领域的应用

7.1 人工智能在安防领域的应用概述

随着人工智能技术的快速发展，将人工智能技术应用于安防领域也成了当前的热门研究课题。"AI+安防"领域潜力巨大，需求日益剧增，人工智能在安防领域的渗透和深层次应用技术的研究日趋增温。国内外商业界及学术界已尝试将人工智能应用于安防领域，并剖析场景，创新研究方法，在实践中总结改进，推动安防领域的科学持续发展。

传统的安防企业和新兴的 AI 初创企业，都开始积极地从技术的各个维度拥抱人工智能，从模式识别基础理论、图像处理、计算机视觉及语音信息处理等方向展开了集中研究与持续创新，探索模式识别机制及有效计算方法，为解决应用实践问题提供了关键技术。在产品应用方面，很多企业推出了系列化的前后端 AI 安防产品，理论上满足了许多典型场景下的实际应用需求。随着人工智能技术的不断进步，传统的被动安防防御系统将升级为主动判断和预警的智慧安防系统。安防从单一的安防领域向多行业应用、提升生产效率、提高生活智能化程度等方向发展，为更多的行业和人群提供了可视化、智能化解决方案。

当前智慧安防的技术基础和产品化已趋成熟，从技术手段的不断革新到产品形态的成熟落地，AI 在安防领域尤其是视频监控领域的产品形态及应用模式也开始趋于稳定。安防领域的 AI 技术主要集中在人脸识别、语音识别、文字识别、车辆识别、行人识别和智能云服务系统等。

智慧安防已经扩展成为集成各行业业务管理、数据传输、视频监控、报警、智能控制于一体，可以实现对海量数据的存储，并利用智能安防综合管理平台进行智能控制、分析、决策、管理。智慧安防通常被应用于安保、家居、环境等诸多场景，如智慧社区、智能家居、智慧工地等。

7.2 智慧社区

7.2.1 智慧社区管理

智慧社区是社区管理的一种新理念，是新形势下社区管理创新的一种新模式。智慧社区是指人工智能、物联网、大数据、云计算、移动互联网等新一代信息技术的集成应用，为社区居民提供一个安全、舒适、便利的现代化、智慧化生活环境，从而形成基于信息化、智能化社会管理与服务的一种新的管理形态的社区。智慧社区建设能够有效推动经济转型，促进现代服务业发展。新冠肺炎疫情期间，智慧社区系统充分发挥其优势，对社区开展全时空、全方位监测起到的积极作用，智慧社区可以更精准地识别并预防风险。

应用层:	智慧社区管理系统、智能门禁、智能停车场、小区监测、智能家居……
管理层:	以人为本，充分考虑小区居民的适应性、满意度……
网络层:	有线网络、互联网、无线网络……
感知层:	RFID标签、读卡器、红外感应器、传感器……

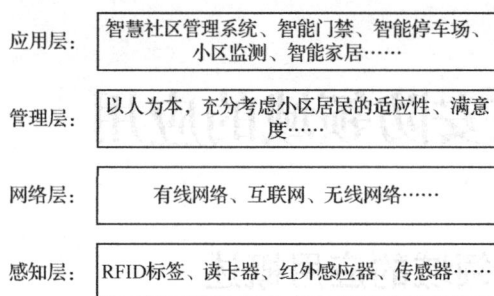

图 7-1　智慧社区体系

从功能角度看，智慧社区体系可以分为感知层、网络层、管理层和应用层，如图 7-1 所示，分别对应以下四个方面特征。

（1）更精准的感知：利用任何可以随时随地感知、测量、捕获和传递信息的设备、系统或流程，快速获取社区信息并进行分析，便于立即采取应对措施和进行长期规划。

（2）更广泛的互联互通：通过云服务将个人电子设备、物业管理系统中收集和储存的分散信息及数据进行连接、交互及共享，从而对环境和物业状况进行实时监控，从全局角度分析形势并实时解决问题，使得社区管理工作可以通过多方协助完成。

（3）更科学的社区管理：在深度感知、互联互通的新一代信息技术平台下，社区管理要更加以人为本，充分考虑居民的适应性、满意度，并做出以人为本的智慧决策。

（4）更深入的智能化：深入分析收集到的数据，以获取更加科学、系统且全面的信息来解决相应的问题，以更好地支持社区的优化决策和行动。

智慧社区主要由智能门禁、智能停车场、智能社区服务平台组成，如图 7-2 所示。智能门禁系统集微机自动识别技术和现代安全管理措施为一体，涉及电子、机械、光学、计算机技术、通信技术和生物技术等诸多新技术，它是实现重要部门出入口安全防范管理的有效措施，是智慧社区不可或缺的一部分。智能停车场系统是将机械、电子计算机、自控设备和智能 IC 卡技术有机地结合起来，通过计算机管理可实现车辆图像对比、自动收费、自动存储数据等功能。社区综合服务平台主要对社区物业进行智能管理控制，提高社区居民的生活便利度和舒适度。

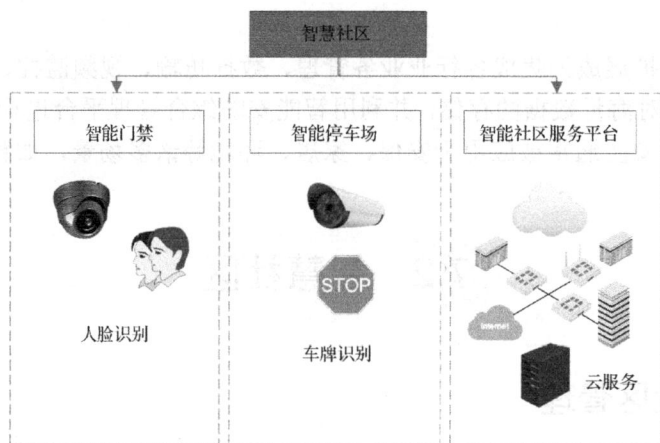

图 7-2　智慧社区主要结构

7.2.2　智慧社区系统的实现

1. 智能门禁系统

智能门禁系统主要通过人脸识别技术控制门锁开关。首先将人脸录入系统数据库，为已录入的人脸设置门锁开启权限。当识别到新的人脸时，将当前人脸与已录入的人脸进行对比，确定当前人脸是否有开锁权限，若对比通过则打开门锁。

通过虚拟仿真，可完成智能门锁系统的构建，操作步骤如下。

步骤 1：首先进入 AI 智能应用系统开发平台，单击"空白项目"图标，新建一个空白项目。然后选择"输入控件"中的"摄像头输入"控件，利用摄像头获取图像视频类数据，输入人脸信息，如图 7-3 所示。

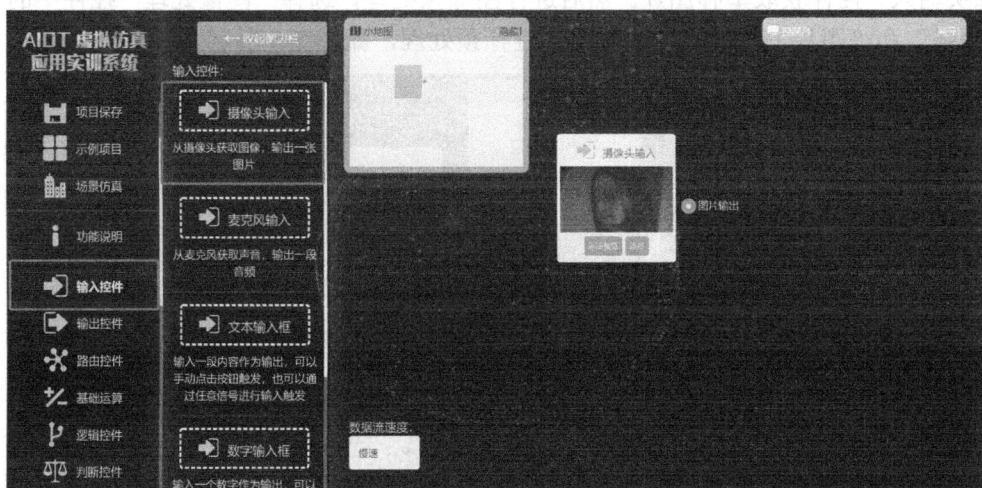

图 7-3　输入人脸信息

步骤 2：选择"人脸识别"中的"人脸对比"控件，对输入的两个人脸数据进行人脸相似度比对，输出人脸相似度。再选择"文字显示"控件输出人脸对比结果，然后选择"判断控件"中的"数字大小判断"控件，可对输入的数字与设定的数字进行大小判断，最后验证人脸识别结果。需提前对人脸相似度结果自定义一个阈值，判断人脸对比结果是否为真，若为真则通过人脸验证，否则人脸验证不通过。人脸验证通过之后，就可以控制打开门锁，如图 7-4 所示。

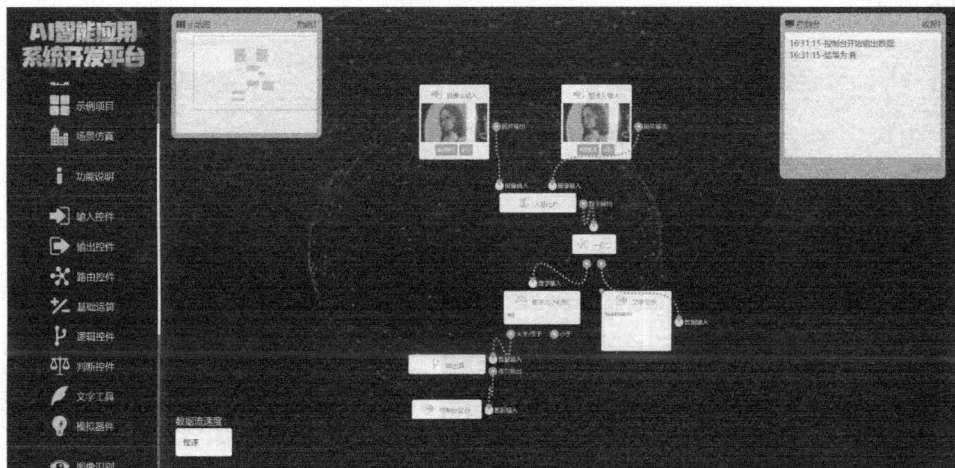

图 7-4　人脸对比

2．智慧停车场系统

智慧停车场系统是智慧社区的主要组成部分之一，主要利用图像处理、车牌识别、道闸控制等实现智慧停车场管理系统。

通过虚拟仿真，可完成智慧停车场系统的构建，操作步骤如下。

步骤 1：首先创建一个空白项目，选择"输入控件"中的"摄像头输入"控件，利用"摄像头输入"控件获取车牌图片。然后进行图像预处理，选择"图像处理"控件中的"清晰度增强"和"图片去雾"控件，对图片进行预处理，如图7-5所示。

图 7-5　对车牌图片进行预处理

步骤 2：识别车牌，选择"车牌识别"控件对预处理的车牌图片进行车牌识别，对输入的车牌图像进行车牌提取并输出识别结果。然后进行结果对比，选择"判断控件"中的"识别结果判断"控件，预定义一个正确的车牌号，与上一步车牌识别结果进行对比，判断识别结果是否正确。若识别正确，则打开道闸，在"模拟控件"中选择"道闸"控件，根据上一步车牌识别结果控件的输出控制道闸打开；若识别错误，则输出错误的识别结果，如图7-6所示。

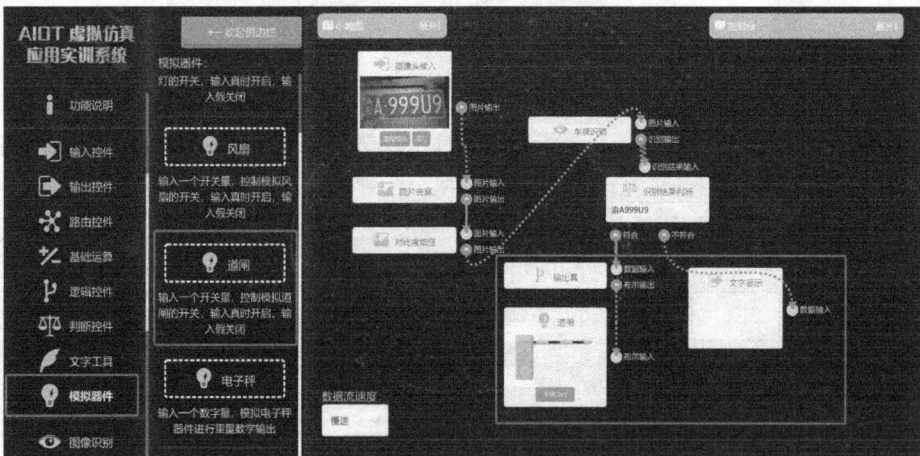

图 7-6　识别车牌信息控制道闸

7.3　智能家居

7.3.1　智能家居概述

随着以人工智能为代表的新一代信息技术的不断进步，新技术的融入加速了智能家居产业的生态发展，推动智能家居进入发展新阶段，场景、渠道、技术、产品、平台的创新赋予智能家居发展的新契机。人工智能让智能家居系统更具智慧；5G 搭建基础连接设施，让智能家居系统实现实时智能化在线管理；云计算使海量家庭数据分析成为可能，使产品更贴合用户的需求。智能家居系统的产生将推动空间智能化的逻辑预判力提升，给予用户更加精准、舒适、安全与人性化的反馈和升级，实现家居生活的数字化、智能化和便捷化。

智能家居场景的构建围绕环境安全、娱乐、办公等应用场景展开，如图 7-7 所示。智能家居安全需求首当其冲，智能门锁、智能摄像机、智能传感器等逐渐成为智能家居的关键支撑点，尤其是在新冠肺炎疫情期间，门禁管理、远程监控等成为智能家居系统的热点技术应用场景。

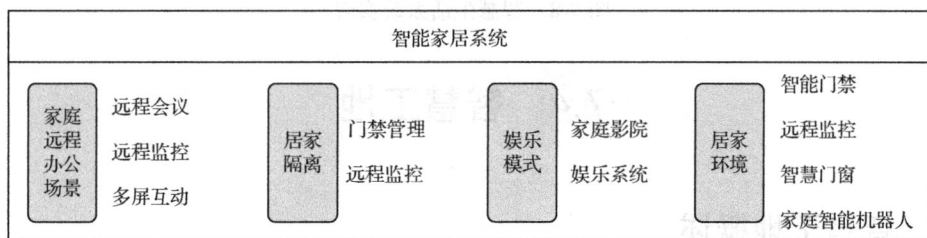

图 7-7　智能家居场景构建

建设智能家居平台生态的目的是将人工智能、云计算、大数据等新一代信息技术能力下沉，通过顶层设计，赋能智能家居产品，提升用户的体验感，解决各智能终端之间跨品牌、跨品类互联互通、云端一体化、AI 交互赋能、数据交互等问题。

当前互联网、地产、装修、定制家居等商业体系全面打造智能家居服务，平台与设备愈加丰富，B/C 端功能应用、渠道开拓、项目落地与场景应用逐步成熟。智能家居正在从居家环境的全屋智能，逐步迈向居家、酒店、公寓、办公、养老、民宿等泛家居的智能化空间应用。

7.3.2　智能家居系统的实现

智能家居环境主要由智能门禁、远程监控、智慧门窗、家庭智能机器人等组成。智能门禁系统主要通过人脸识别技术控制门锁开关；远程监控主要通过摄像头实时监控居家情况；智慧门窗主要通过传感器和语音识别技术对门窗及照明系统进行智能化管理；家庭智能机器人指对门窗、灯光和环境清洁等进行智能管控，提供居家服务的综合性智能机器人。

通过虚拟仿真，可完成智慧生活系统的场景构建，操作步骤如下。

步骤 1：进入 AI 智能应用系统开发平台，选择"麦克风输入"模块模拟语音输入，选择"语音识别"模块对输入的语音数据进行识别，并输出识别结果。

步骤 2：选择"判断控件"中的"识别结果判断"控件，对识别结果进行判断，是否为"开灯""打开风扇"等，根据语音识别结果实现对灯光、门窗、风扇等的控制，如图 7-8 所示。

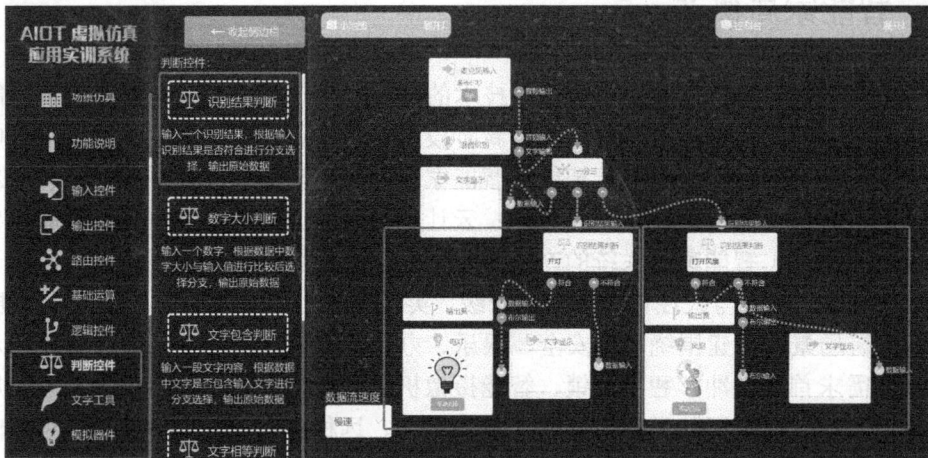

图 7-8　智慧生活系统实现

7.4　智慧工地

7.4.1　智慧工地概述

智慧工地是一种智能的施工场地管理模式，以人工智能、物联网、大数据、云计算等技术为依托，与传统建筑行业相结合，通过工地信息化、智能化应用及施工精细化管控，有效降低施工成本，提高施工现场管控力和效率，实现对工地智能化、数字化、精细化管理。

随着建筑行业信息化时代的到来，以人工智能为代表的新一代信息技术快速发展，打破了传统的建筑工程管理模式，解决了传统建筑工程管理复杂、成本高的缺点，实现了建筑行业的数字化、信息化和精细化管理，真正体现"安全生产、科学管理、预防为主、综合治理"的理念及方针。

智慧工地以物联网云平台为核心，与劳务人员管理系统、安全帽检测系统、视频监控系统和环境检测系统等多个子系统互联互通，如图 7-9 所示，实现工地各类数据采集、存储、分析与应用。通过接入这些子系统模型，根据实际场景管

图 7-9　智慧工地概念图

理需求进行灵活分析应用，实现一体化、模块化、智能化、数字化的智慧施工平台。借助于互联互通、知识共享、全面感知、智能分析、协同工作、风险预控等手段，实现建筑施工精细化管理，智能化地辅助建筑施工企业对施工工程提出科学有效的决策，促进建筑施工企业监管水平的全面提高。

7.4.2　智慧工地系统的实现

智慧工地系统主要由劳务人员管理系统、安全帽检测系统、视频监控系统和环境检测系统等组成。劳务人员管理系统主要对人员身份信息进行管理，通过人员数据录入即可实现；视频监控系统主要用于工地安全监控，在工地必要场所安装监控器，将视频数据实时上传到服务器，可实现施工人员检测、危险区域红外语音报警等功能；环境检测系统主要利用传感器实现对施工场地环境的实时监测，包括湿度检测、温度检测、空气质量检测等，并利用云端平台构建工地现场环境管理体系，实现施工现场智能化自动喷淋、污水监测、水电管理等功能；安全帽检测系统用于进行工人安全帽定位管理，可实现安全检查、实时定位、人数统计，辅助人员考勤、自动报警等功能，可用于工地空旷区域工人安全的实时监测管理。

通过虚拟仿真，可完成安全帽识别场景的构建，操作步骤如下。

步骤 1：进入 AI 智能应用系统开发平台，单击"空白项目"图标，新建一个空白项目。

步骤 2：输入图像，选择"输入控件"中的"摄像头输入"控件，获取图像信息，模拟实现安全帽实时检测功能。选择"图像去雾"和"对比度增强"控件，对图像进行预处理。最后选择"图像识别"控件，对安全帽进行识别，判断是否检测到安全帽，并输出识别结果，如图 7-10 所示。

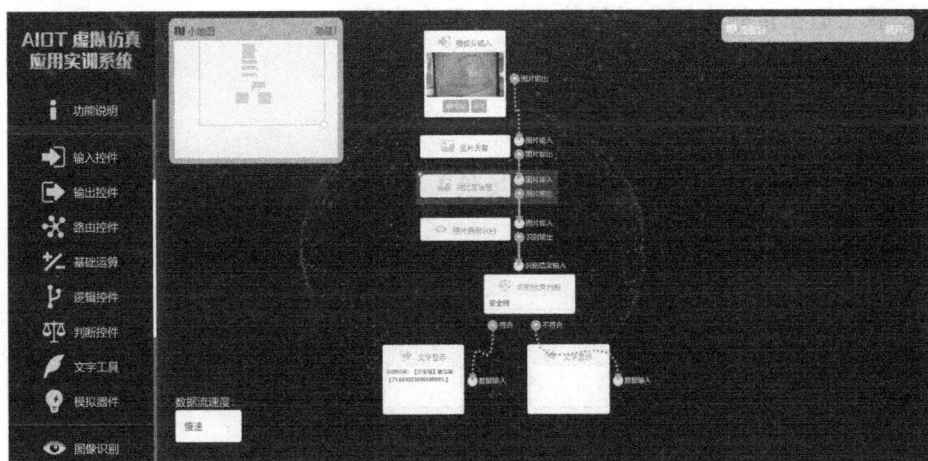

图 7-10　安全帽识别场景构建

7.5　小结

随着当前人脸识别、语音识别、文字识别、车辆识别、行人识别、智能云服务系统等技术的快速发展，智慧安防的技术基础和产品化日趋成熟稳定。人工智能在安防领域的应用提高了安防系统的科学性、便利性、安全性和可靠性。

本章内容主要介绍了智慧安防应用于安保、家居、环境等场景的应用，如智慧社区、智能家居和智慧工地等。

随着智慧安防的技术基础和产品化日趋成熟，下一阶段的重点内容就是如何系统化规模部署。人工智能技术在安防中的应用挑战与机遇并存，从技术手段的不断革新到产品形态的成熟落地，智慧安防仍然面临众多难题，诸如成本高昂、工程化布点困难、算法场景局限大、缺乏深度应用、缺乏系统性顶层设计、缺乏满足实战应用的行业标准与评估体系等。能否妥善解决这些问题，关系着智慧安防产品和方案能否真正地落地生根。

7.6 习题

一、选择题

1. 下列哪个选项不是人工智能在安防领域的应用？（   ）
   A．智能家居 　　　B．智慧社区 　　　C．智能交通 　　　D．智慧零售
2. 智慧社区体系不包括以下哪一个选项？（   ）
   A．感知层 　　　　B．决策层 　　　　C．网络层 　　　　D．应用层
3. 下列哪项技术不属于智能家居系统？（   ）
   A．云计算 　　　　B．人工智能 　　　C．大数据 　　　　D．网页设计

二、简答题

1. 智慧工地在传统建筑体系的基础上有哪些改进。
2. 简述智慧工地是如何实现安全帽监测的。

三、开放题

思考一下，"AI+安防"还有哪些应用场景？

第8章 人工智能在交通领域的应用

8.1 人工智能在交通领域的应用概述

随着交通领域数字化、信息化、智能化的发展，人工智能在交通领域的应用主要表现在对交通数据的采集、处理、分析及控制，从感知、认知、控制等多个方面赋能交通领域各应用场景，提高交通安全，改善交通管控效率。

得益于人工智能技术在计算机视觉、语音识别、自然语言处理等多个领域的研究突破，使得在交通感知领域，采集信息的手段有了更多选择。过去传统的信息采集手段往往只是通过摄像头、激光雷达、毫米波雷达等传感器采集多维的浅层信息，如今通过人工智能技术可以精细化挖掘更深处的信息，如通过视频图像处理技术分析车辆与行人的轨迹并加以预测、车辆行人检测、车道线检测以及交通设施状态监测分析等。而人工智能技术在交通认知领域中最常见的应用是通过对大量数据的学习建模后，对结果做出分析预测，如行车导航、行驶路线规划、驾驶员行为分析、危险预警、违章抓拍等。经过感知、认知阶段之后，还可以将结果信息实时地反馈给相关人员和设备，从而快速地做出响应，完成流程上的闭环。比如城市交通信号灯系统，可根据实时的人流、车流等路况信息，分析判断该片区域信号灯的状态，从而达到缓解交通压力、提升交通效率等目的。

8.2 自动驾驶

近年来，互联网技术和数据科学的迅速发展给汽车工业带来了深刻的变革，高精度地图的进步以及人工智能的广泛应用也促进了智能驾驶技术的愈发成熟。作为未来汽车驾驶的发展方向之一，自动驾驶技术逐渐进入人们视野并在近几年取得了长足的进步。

8.2.1 自动驾驶汽车概述

自动驾驶汽车（Autonomous Vehicles、Self-driving Automobile）又称无人驾驶汽车、计算机驾驶汽车或轮式移动机器人，是一种通过计算机系统实现无人驾驶的智能汽车。在20世纪已有数十年的发展历史，在21世纪初呈现出接近实用化的趋势。

1. 自动驾驶的三个阶段

自动驾驶，即车辆采集布置在车身周围的各个摄像头、激光雷达、全球定位系统等传感器获取的数据信息，通过对数据信息的处理分析从而获得对周围情况的感知并做出相应的决策，包括横向与纵向的组合控制，横向控制主要控制方向，纵向控制主要控制车速。自动驾驶系统技术路线如图8-1所示。

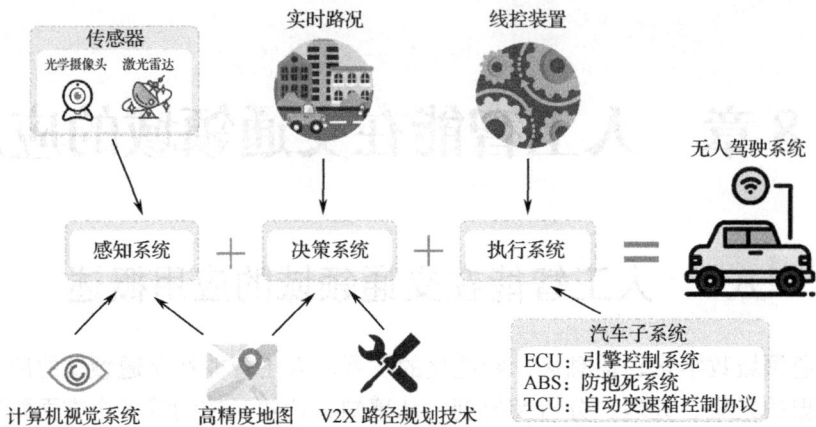

图 8-1　自动驾驶系统技术路线图

自动驾驶的过程中主要包括环境感知、决策与规划、控制与执行三个阶段，如图 8-2 所示。

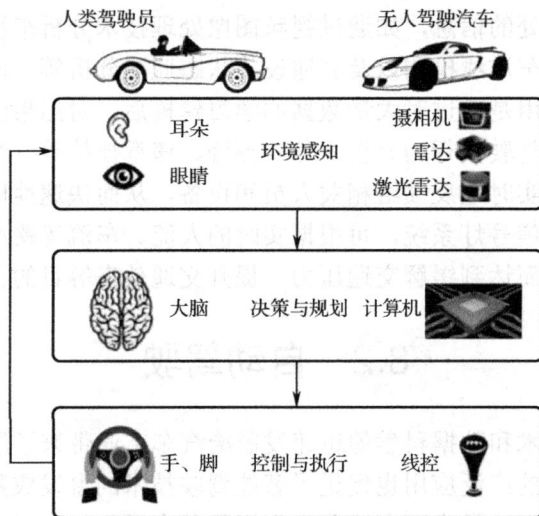

图 8-2　自动驾驶的三个阶段

环境感知阶段：自动驾驶汽车通过车身周围布置的高清摄像头、高精度雷达等传感器，对周围环境进行数据采集探测，例如行人、车辆位置、车道线位置、车辆速度、交通信号灯等信息。

决策与规划阶段：自动驾驶汽车利用大数据、人工智能等相关技术，对采集到的信息进行分析处理并做出控制决策。

控制与执行阶段：自动驾驶汽车将信息处理阶段做出的控制决策传递给发动机管理系统、电动助力转向系统（EPS）等，从而实现车辆加速、减速和转向等操作。

2．自动驾驶的等级划分

美国汽车工程师学会（Society of Automotive Engineers，SAE）定义了 6 个无人驾驶等级——从 0 级（无自动驾驶）到 5 级（完全自动驾驶），如图 8-3 所示。

LEVELS OF DRIVING AUTOMATION

0	1	2	3	4	5
NO AUTOMATION	DRIVER ASSISTANCE	PARTIAL AUTOMATION	CONDITIONAL AUTOMATION	HIGH AUTOMATION	FULL AUTOMATION
Manual control. The human performs all driving tasks (steering, acceleration, braking, etc.).	The vehicle features a single automated system (e.g. it monitors speed through cruise control).	ADAS. The vehicle can perform steering and acceleration. The human still monitors all tasks and can take control at any time.	Environmental detection capabilities. The vehicle can perform most driving tasks, but human override is still required.	The vehicle performs all driving tasks under specific circumstances. Geofencing is required. Human override is still an option.	The vehicle performs all driving tasks under all conditions. Zero human attention or interaction is required.
THE HUMAN MONITORS THE DRIVING ENVIRONMENT			THE AUTOMATED SYSTEM MONITORS THE DRIVING ENVIRONMENT		

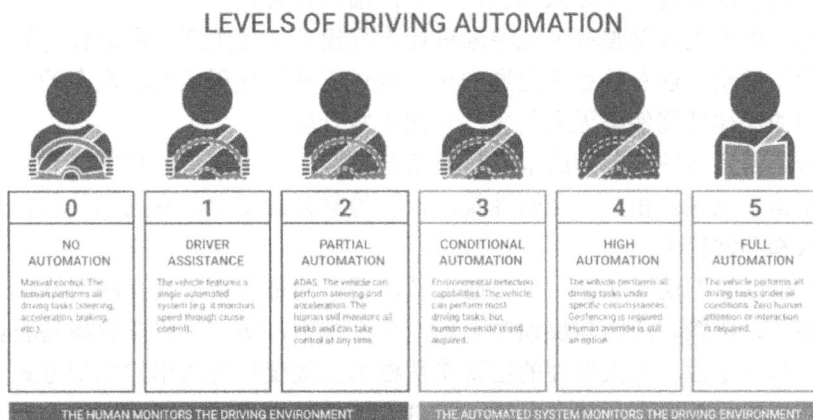

图 8-3　驾驶自动化水平等级

0 级（无自动驾驶）：当今在道路上行驶的大多数汽车都属于 0 级，由人来完成手动驾驶的任务，虽然可能存在相应的系统来辅助驾驶，如紧急制动系统等，但严格意义上说，这类辅助系统并未能主动的"驱动"车辆，所以算不上自动化驾驶。

1 级（驾驶员辅助）：自动化驾驶的最低级别，如自适应巡航控制系统（ACC）可以让车辆与前车保持安全距离，驾驶员则负责监控驾驶其他方面（转向与制动）。

2 级（部分自动驾驶）：高级驾驶员辅助系统或 ADAS，车辆能够自己控制转向以及加速或减速，驾驶员在此等级下依然坐在驾驶位上监督所有的任务，并且在任何情况下可以取得控制权限，所以这一阶段的自动驾驶还算不上无人驾驶。

3 级（受条件约束的自动驾驶）：汽车具有侦测环境的能力，可以自己根据环境信息做出决定，能够自己完成大部分的任务，但是依然需要人类监控并在系统无法执行任务的情况下操纵汽车。

4 级（高度自动驾驶）：汽车在某种特定的条件下可以实现完全自动驾驶，大部分情况下不需要人为干预，但是驾驶员仍然可以操纵汽车。此等级的无人驾驶汽车受立法和基础设施建设发展欠缺的情况下只能在限定区域行驶，因此也称为有地理围栏。

5 级（完全自动驾驶）：汽车完全不需要人类的干预，没有方向盘或加速、制动踏板，也没有地理围栏，能够去任何地方，并且能像真正的驾驶经验丰富的人类驾驶员一样操作。

3．无人驾驶汽车面临的问题与挑战

尽管无人驾驶汽车在近年来取得了快速而又稳定的发展，并且在一定程度上已经开始尝试进行商业化的生产，但是其仍在不同方面遇到不同程度的问题与挑战。

技术方面：不论何种级别的无人驾驶汽车始终离不开感知层的信息获取，只有精确地获取车身周围的路况，才能在此基础上做出相应的决策。然而，目前已知所用到的传感器各有优缺点，很难找到一种能够适应各种环境的传感器器件。例如，摄像头本身靠光成像，在黑夜、雨雾天气或有遮挡的情况下其成像效果会大打折扣，甚至存在盲点区域等情况；毫米波雷达在降雨天气时受影响严重；激光雷达对黑色车辆反射率有限等。如何解决这些

复杂环境、路况下的难题，是无人驾驶汽车所面临的任务之一。

法律法规：由于无人驾驶汽车还并未进行大规模商业化生产，所以针对无人驾驶汽车的法律法规尚不健全。现有的道路交通安全法规还无法适应无人驾驶汽车的行车条件，仍需要有针对性的法律法规保障无人驾驶汽车的正常行驶。

成本方面：无人驾驶汽车的成本不只是整车及雷达、摄像头、传感器等相关硬件设施带来的成本花销，还包括相关应用软件及云计算等额外的支出，并且相关软件开发领域的研发成本投入都非常巨大。

未来的汽车已经不仅局限于一种交通工具，更多的是向新一代互联网终端发展。无人驾驶汽车将感知、决策、控制与反馈整合到一个系统中，实现了汽车脱离驾驶员而能保证其驾驶操纵性与安全性。无人驾驶的出现将从根本上改变传统汽车的控制方式，对于交通系统的安全性与通行效率有了较大保障。随着人工智能技术的不断发展，无人驾驶汽车的性能将会更加完善。

8.2.2　车辆检测功能的实现

无人驾驶的场景识别是利用人工智能算法对车载摄像头采集到的车辆周围视觉环境数据进行分析，从而识别车辆当前所处的交通场景和环境信息。车辆检测功能不仅可以让汽车获得周围车辆环境情况辅助驾驶，还可以用于路况分析，实时监测交通道路的车流量，分析路段的交通状况为路况优化、车辆调度提供参考。车辆检测效果如图 8-4 所示。

图 8-4　车辆检测效果

通过虚拟仿真，可实现车辆检测功能，操作步骤如下。

步骤 1：进入 AI 智能应用系统开发平台，单击"空白项目"图标，新建一个空白项目。

步骤 2：添加图像输入控件，选择"图像识别"中的"多车辆检测"控件，可实现车辆区域定位。使用"输出控件"中的"图片显示"控件，可显示被检测到的车辆并使用红色框完成标注，如图 8-5 所示。

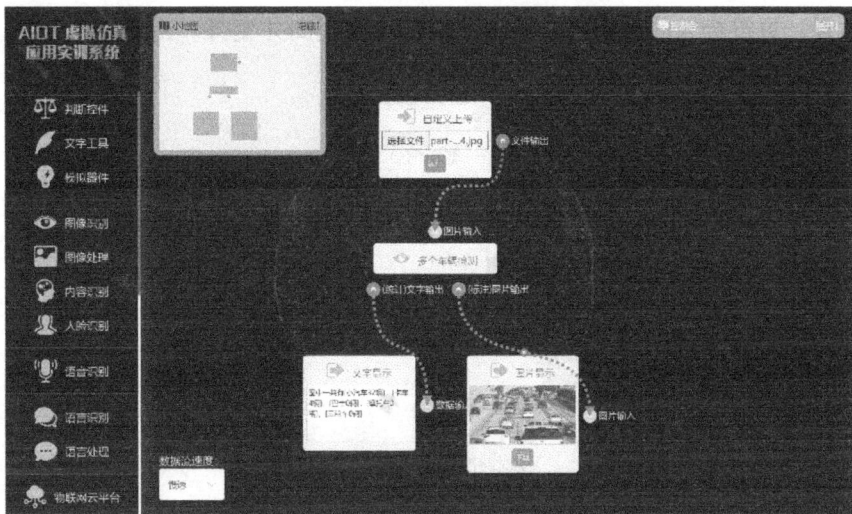

图 8-5　车辆检测功能的实现

8.3　智慧交通

8.3.1　智慧交通概述

　　智慧交通是在传统的交通基础上发展起来的新型交通系统，是未来交通系统的发展方向，它是将先进的计算机处理技术、信息技术、数据通信传输技术、电子传感技术、电子控制技术等有效地集成运用于整个地面交通管理系统而建立的一种在大范围内、全方位发挥作用的，实时、准确、高效的综合交通管理系统。

　　智慧交通是高速公路和智慧城市应用最重要的场景之一，部署规模庞大，技术难点较多。政府、行业和企业共同发力，使得产品研发和标准制定取得积极进展。同时开展了一系列示范项目，加快智慧交通发展。智慧交通管理系统用于检测控制和管理公路交通，在道路、车辆和驾驶员之间提供通信联系。智慧交通体系的发展，有效地解决了交通拥堵、交通事故、交通污染等问题，经过 30 多年发展，已取得较大成就。智慧交通系统发展迅速，在北京、上海、深圳、广州等大城市已经建设了智慧交通系统。随着智慧交通系统技术的发展，智慧交通系统将在交通运输行业得到越来越广泛的运用。

　　智慧交通系统利用互联网+、物联网、传感器、人工智能、大数据、云计算等现代信息技术综合解决交通实时路况查询、违章查询、车辆保险、停车服务、交通信息查询、行车资讯、智能预测预警等难题，如图 8-6 所示。

　　智慧交通是一个技术性很强的系统，且在系统建设过程中对整体性要求严格。这种整体性体现在：(1)跨行业特点，智慧交通系统建设涉及众多行业领域，是社会广泛参与的较为复杂的系统工程，从而造成复杂的行业间协调问题；(2)技术领域特点，智慧交通系统综合了以人工智能为代表的众多科学领域的技术，需要众多领域的技术人员共同协作；(3)政府、企业、科研单位及高等院校共同参与，恰当的角色定位和任务分担是系统有效展开的重要前提条件；(4)智慧交通系统将主要由以人工智能为代表的新一代信息技术作为支撑点，更多创新技术融合、更符合人的应用需求，将可信任程度提高并变得"无处不在"。

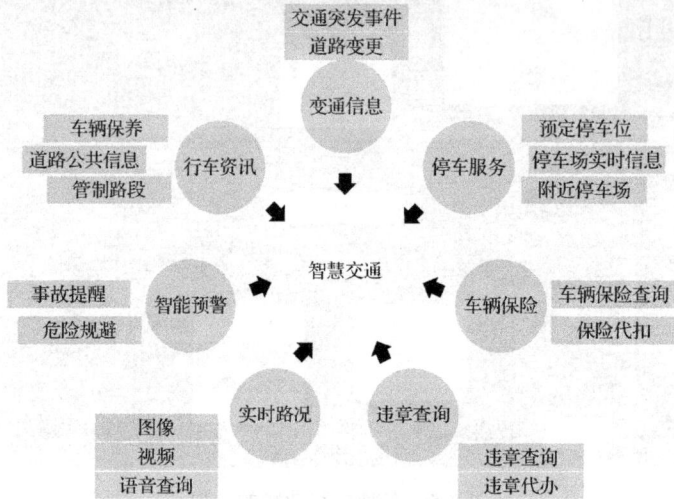

图 8-6　智慧交通管理系统

我国智慧交通的研究始于 70 年代末，首先是在北京、上海、广州等大城市交通信号控制系统的研究与开发。80 年代后期，我国开始了智慧交通基础性的研究和开发工作，包括优化道路交通管理、交通信号采集、驾驶员考试系统、车辆动态识别等。90 年代，我国开始建设交通控制中心或交通指挥中心，并开展了驾驶员信号系统、城市交通管理的诱导技术等方面的研究。2000 年我国成立了全国智能运输协调指导小组及其办公室，发布了《中国智能运输系统体系框架》。在"十五"期间，我国率先在北京、上海、广州等大城市开展了智慧交通系统的关键技术攻关，促进了以智能化交通管理为主的智慧交通体系的建设。2001 年起，科技部启动国家"十五"科技攻关"智慧交通系统关键技术开发和示范工程"重大项目，标志着我国智慧交通进入发展期。

随着互联网科技与经济生活的快速发展，在城市拥堵、交通事故、排放污染等重压之下，智慧交通成为解决出路之一，然而，智慧交通体系并不能依靠某个单一企业甚至行业一己之力，它需要各方面的合纵连横。因此，现如今的智慧交通系统主要是由城市规划建设、道路规划建设、交通信息系统、自动驾驶汽车厂商、5G 车联网通信、高清地图、交通法律法规等多领域专家参与构成的综合性系统模式，实现系统化智慧交通的规划方案，实现人车分离，人-车-路-云相融合联动，解决当前交通拥堵、安全隐患多等交通痛点。

近年来，我国智慧交通发展取得了明显的成效，基础设施和装备智能化水平大幅提升。政府从路网规划、交运系统建设、交通管理等角度推进智慧交通。与此同时，众多巨头也在交通运输领域积极布局，新业态、新产品不断涌现。如腾讯在智慧交通领域的探索已覆盖停车场无感支付、共享单车、扫码乘公交/地铁等；阿里也推出了支付宝扫码乘车，并宣布升级汽车战略，利用车路协同技术打造全新的"智能高速公路"；华为、百度等也从无人驾驶、车路协同、智慧城市、智慧高速等多个角度抢滩布局智慧交通市场。

8.3.2　智慧交通系统的实现

智慧交通是一个以人工智能为代表的多个技术领域综合的管理系统，主要实现交通路况监管、交通信号灯监管、交通实时路况查询、违章查询、车辆保险查询、停车服务、交通信息查询、行车资讯、智能预测预警等多个交通管理场景。

利用人工智能技术解决智慧交通场景中的问题时，通常利用图像处理、语音识别等技术实现智慧交通系统中的信号灯识别、车辆检测、车牌识别、智能车载机器人等场景应用。

交通信号灯识别系统一般分为三个步骤，首先获取图像，其次对获取到的图像进行处理，检测出图像中的信号灯，识别出信号灯颜色，最后输出识别结果，如图 8-7 所示。

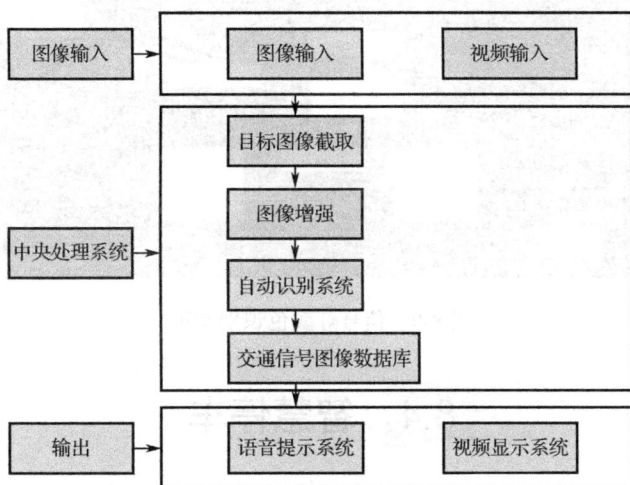

图 8-7　信号灯识别系统

通过虚拟仿真，可实现交通灯识别功能，操作步骤如下。

步骤 1：进入 AI 智能应用系统开发平台，单击"空白项目"图标，新建一个空白项目。

步骤 2：首先输入图像，选择"输入控件"中的"摄像头输入"控件，获取图像信息，模拟信号灯实时检测；然后进行图像预处理，选择"图像裁剪"控件提取出图片关键信息，选择"对比度增强"控件增强图像信息；最后选择"图像识别"控件，对交通信号灯进行检测，再判断是否检测到交通信号灯并输出识别结果，如图 8-8 所示。

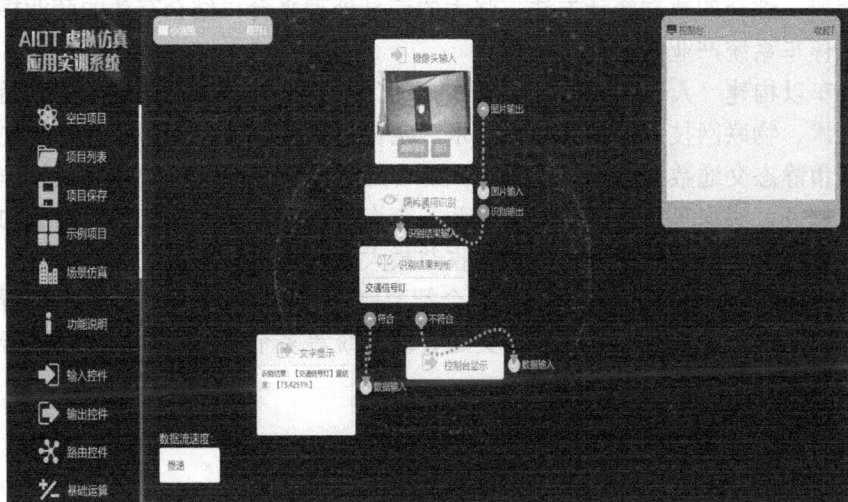

图 8-8　信号灯识别实现

步骤 3：识别交通信号灯颜色，在步骤 2 中确定图片中有交通信号灯之后，选择"颜色识别"控件，识别出交通信号灯的颜色，最后输出识别结果，如图 8-9 所示。

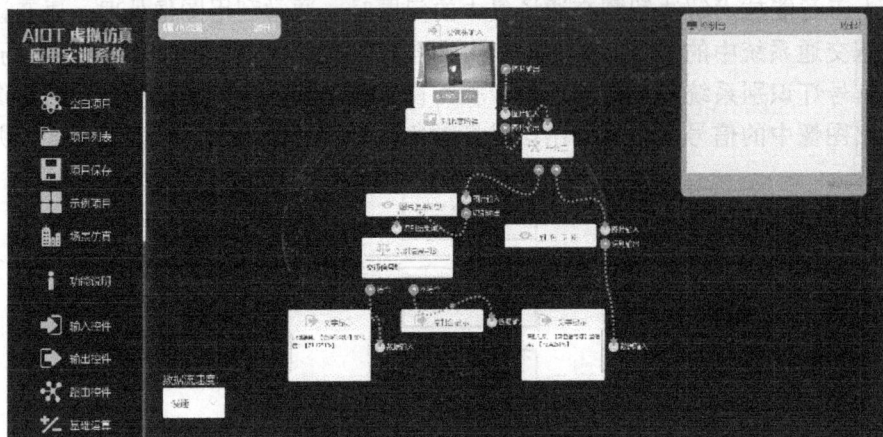

图 8-9　信号灯颜色识别实现

8.4　智慧停车

8.4.1　智慧停车概述

伴随着我国社会经济和汽车工业的快速发展，城市机动车辆拥有量迅速增加，很多城市停车供求矛盾日益凸显，成为影响城市交通的重要因素之一。停车行业普遍存在供需矛盾显著，资源利用不均，信息化、智能化程度不足，信息无法共享，管理效率较低，需求多样化，停车行业能力不足等问题。在拥挤的城市中，快速地找到一个停车位，便捷地完成一次停车就成了一个巨大的挑战，由此，智慧停车应运而生。智慧停车系统采用科学的数据采集手段、综合的数据统计方法、强大的信息处理平台，结合有效的商业模式，有力地推动智慧停车系统产业的蓬勃发展。

智慧停车以构建"人-车-路-云"协同的智慧交通体系为切入点，基于人工智能技术、无线通信技术、物联网技术、视频处理技术、定位技术、GIS 技术和云技术等先进技术手段，建立城市静态交通数据分析管理平台，综合应用于城市停车位的采集、管理、查询、预定与导航服务，实现车位资源的实时更新、查询、预定导航和其他延伸服务的一体化，实现停车位资源利用最大化、停车场利润收益最大化和车主服务最优化。

智慧停车系统如图 8-10 所示，主要综合智慧停车管理系统、停车场停车引导系统、用户终端、停车场运营管理、商家管理、交通管理系统等多个系统于一体，实现智慧停车智能化、便捷化、数字化。

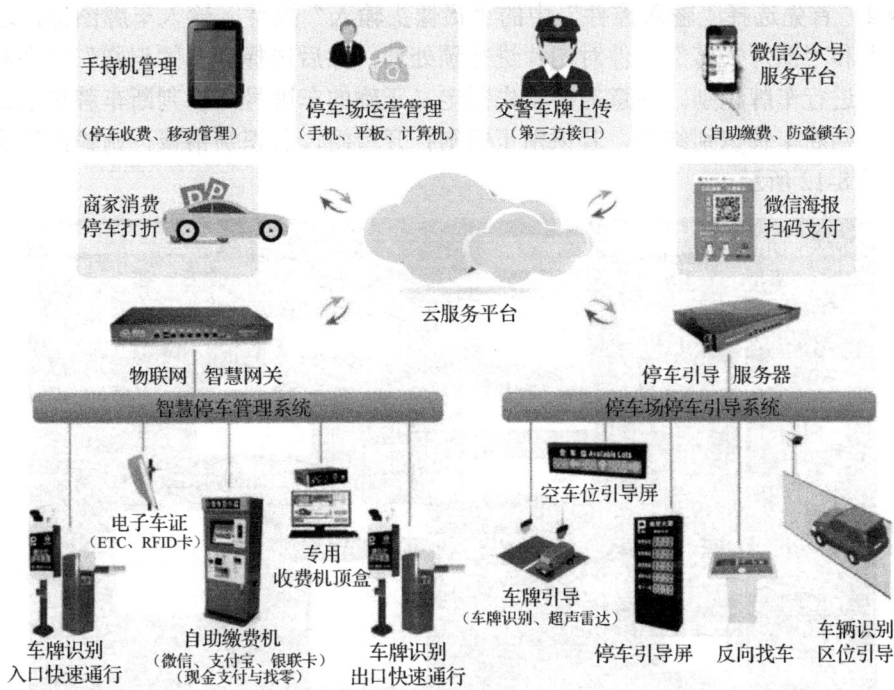

图 8-10　智慧停车系统

8.4.2　智慧停车场的实现

智慧停车以"互联网+物联网+云计算+大数据+人工智能+统一对账"为技术核心，实现城市的路内路外停车资源互联互通，打造完整的城市级智慧停车新生态。智慧停车已经成为城市综合服务领域中的一个重要场景，同时也是智慧城市的重要组成部分。智慧停车场主要利用图像处理、车牌识别、道闸控制等技术实现智慧停车场管理，依托于后台管理系统、收费系统、个人终端、云服务等系统综合实现对停车场的数字化、智能化、统一化、精细化管理，如图 8-11 所示。

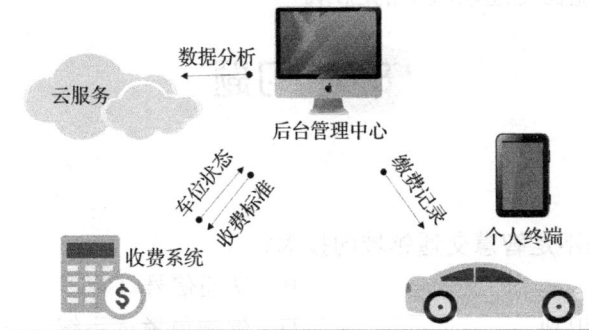

图 8-11　智慧停车场

通过虚拟仿真，可实现智慧停车场功能，操作步骤如下。

步骤 1： 进入 AI 智能应用系统开发平台，单击"空白项目"图标，新建一个空白项目。

步骤 2：首先选择"输入控件"中的"摄像头输入"控件，输入车牌图像，选择"清晰度增强"和"图片去雾"控件对图片进行预处理，然后选择"车牌识别"控件对预处理的车牌图片进行车牌识别。注意需要首先预定义正确的车牌号，以判断车牌识别结果是否正确。最后判断车牌识别结果，若识别正确则打开道闸，若识别错误，则输出错误的识别结果，如图 8-12 所示。

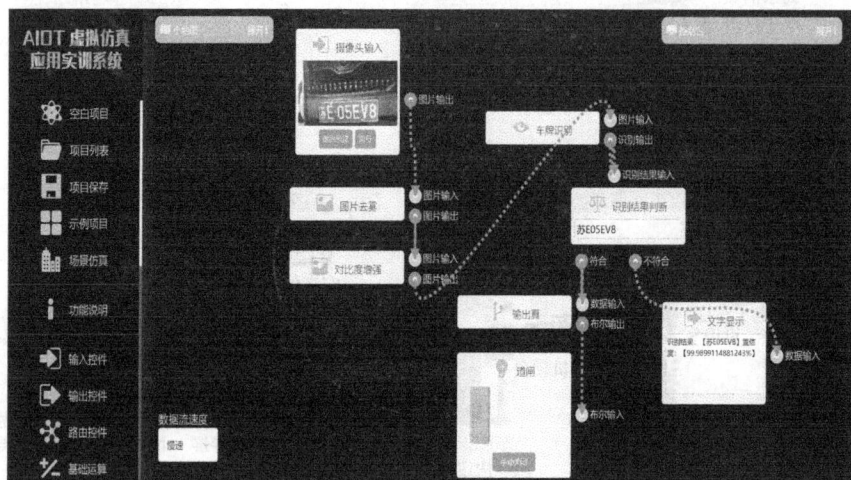

图 8-12　智慧停车场模拟

8.5　小结

伴随着人工智能技术在计算机视觉、语音识别、自然语言处理等多个领域的技术突破，人工智能在交通场景的应用成了近年来的热门研究领域。通过人工智能技术可以精细化挖掘更深处的信息，对数据分析结果做出分析预测。

本章介绍了人工智能在交通领域的应用，主要分为自动驾驶、智慧交通、智慧停车三个典型应用场景，结合车辆检测案例、交通灯识别案例、智慧停车场案例的实现，让读者更直观地了解人工智能在交通领域中的应用。

8.6　习题

一、选择题

1．下列哪个选项不是智慧交通领域的技术？（　　）
　　A．商标识别　　　　　　　　　　B．交通信号灯管理
　　C．车辆动态识别　　　　　　　　D．驾驶员考试系统
2．智慧交通系统不包括以下哪个选项？（　　）
　　A．路况查询　　　B．停车服务　　　C．违章查询　　　D．安检系统

二、简答题

1. 简述自动驾驶汽车的定义。
2. 人工智能应用于智慧停车场的关键技术有哪些？
3. 怎样利用人工智能技术实现交通信号灯识别？
4. 简述自动驾驶过程中的三个阶段。

第9章 人工智能在工业领域的应用

9.1 人工智能在工业领域的应用概述

人工智能作为引领未来的前瞻性、战略性技术，已经成为新一轮科技革命和产业变革的重要驱动力量。在工业领域，人工智能发展迅速，尤其是在预测性维护、质量控制、智能化排产等领域已取得长足的进步。我国工业正处在智能化升级的重要阶段，以复杂机械装备仿真设计、制造工艺优化、产品质量检测、智能仓储物流、能耗管控、安全管理等应用场景为切入点，推动人工智能与工业深度融合，是现代工业发展的必然趋势。

在传统工业流程中，人力成本高、危险性大、无意义的劳动过多等难点长期存在，成为困扰传统工业生产的难点。如何合理应用人工智能，提升制造业的生产效率，通过创新产生更大的价值，已经成为整个行业思考的议题。

人工智能技术在制造企业的落地已十分广泛，例如使用智能机器人通过实时测试和学习来提升订单的拣选和包装效率；通过能源预测模型帮助企业优化资源利用效率、提高全企业能效；通过图像检测算法辅助工人对缺陷进行定位和分类，有效控制质量异常，减少人力成本；通过对关键的设备运行参数进行建模，判断机器的运行状态、预测维护时间；通过对生产过程全数据建模，迅速识别生产异常点，从源头降低产品缺陷率；通过对关键的设备运行参数进行建模，定位异常参数，协助故障分析等。本章将从智能工业机器人、智能制造和智慧物流等应用领域结合实际的应用场景需求，帮助读者了解人工智能如何在工业场景中落地。

9.2 智能机器人

9.2.1 智能工业机器人概述

1. 什么是工业机器人

在当代工业中，机器人是指能自动执行任务的人造机器装置，用以取代或协助人类工作。机器人作为集机械、电子、控制、计算机、传感器、人工智能等多学科先进技术于一体的自动化装备，代表着未来智能装备产业的发展方向。

机器人产业具有一般高新技术产业所表现的突出特征，即高投入、高风险、高回报、高技术、高难度、高潜能和知识新、技术新、工艺新、方法新、设备新、产品新等。机器人产业将成为国家重要的经济增长点和极有活力的经济领域。

作为机器人产业的重要组成部分，工业机器人是一种面向工业领域的多关节机械手或多自由度的机器装置，是靠自身动力和控制能力来实现各种自动执行功能的一种机器。它既可以接受人类指挥，也可以按照预先编排的程序运行，现代的工业机器人还可以根据人工智能技术制定的原则纲领自主决策行动。

2．工业机器人构成

工业机器人由主体、驱动系统和控制系统三个基本部分组成，如图 9-1 所示。主体即机座和执行机构，大多数工业机器人有 3～6 个运动自由度，其中腕部通常有 1～3 个运动自由度。驱动系统包括动力装置和传动机构，用以使执行机构产生相应的动作。控制系统按照输入的程序对驱动系统和执行机构发出指令信号，并进行控制。

3．工业机器人分类

根据机器人的应用环境，国际机器人联盟（IFR）将机器人分为工业机器人和服务机器人，我国将机器人划分为工业机器人、个人/家用服务机器人、公共服务机器人和特种机器人 4 类，如图 9-2 所示。

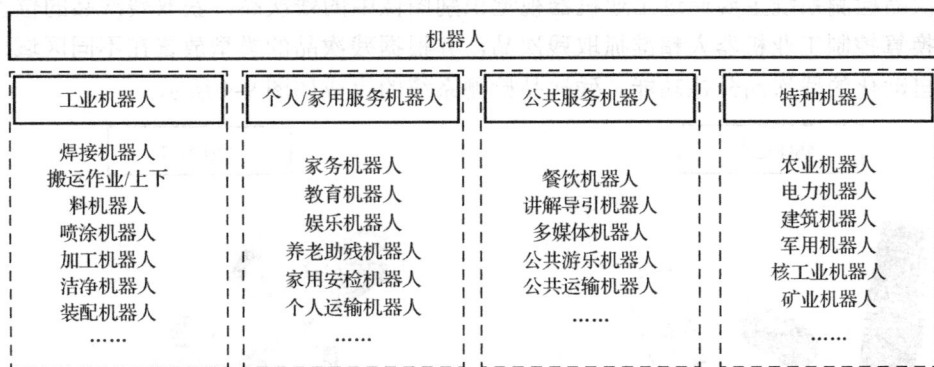

图 9-1　工业机器人

机器人			
工业机器人	个人/家用服务机器人	公共服务机器人	特种机器人
焊接机器人 搬运作业/上下料机器人 喷涂机器人 加工机器人 洁净机器人 装配机器人 ……	家务机器人 教育机器人 娱乐机器人 养老助残机器人 家用安检机器人 个人运输机器人 ……	餐饮机器人 讲解导引机器人 多媒体机器人 公共游乐机器人 公共运输机器人 ……	农业机器人 电力机器人 建筑机器人 军用机器人 核工业机器人 矿业机器人 ……

图 9-2　机器人分类

按用途来分，工业机器人可分为焊接机器人、搬运作业/上下料机器人、喷涂机器人、加工机器人、装配机器人和洁净机器人等。按结构形式来分，工业机器人可分为直角坐标机器人、圆柱坐标机器人和关节型机器人 3 种，其中关节型工业机器人以 4～6 轴为主。按机器人负载来分，工业机器人可分为小型负载机器人（负载小于 20kg）、中型负载机器人（负载在 20～100kg）和大型负载机器人（负载大于 100kg）。

4．智能工业机器人

机器人产业的发展可分为三个阶段四大层次，如图 9-3 所示。第一个阶段为自动化阶段（机器人替代不同精度的重复劳动），第二个阶段为机器智能阶段（机器人具有高精度机械运动能力和高精度感官能力，具有柔性化工业能力），第三个阶段为人工智能阶段（机器人具有高精度运动和感官能力，同时具有自主学习适应能力，实现人机融合，可完成高度柔性化工作）。目前机器人产业处于从第二阶段向第三阶段过渡的时期。

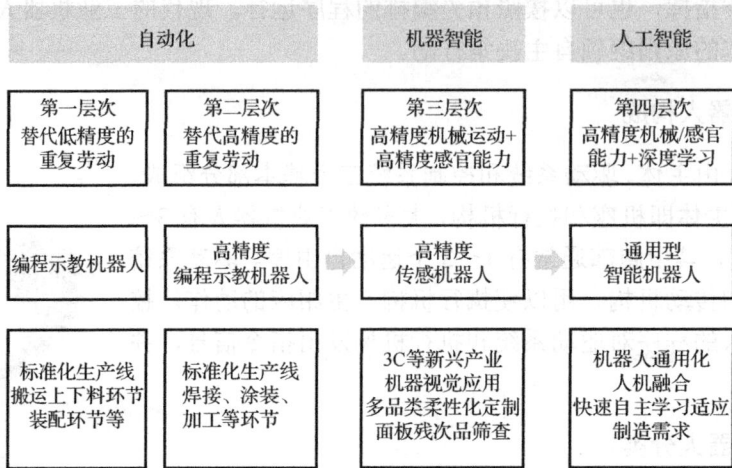

图 9-3　机器人产业发展阶段

9.2.2　智能工业机器人功能模拟

残次品检测系统主要通过工业机器视觉识别图像中的残次品，获取残次品的位置，通过坐标换算控制工业机器人精准抓取残次品，并根据残次品的类型放置在不同区域，最终完成全自动化的残次品分拣功能。残次品检测系统的组成如图 9-4 所示。

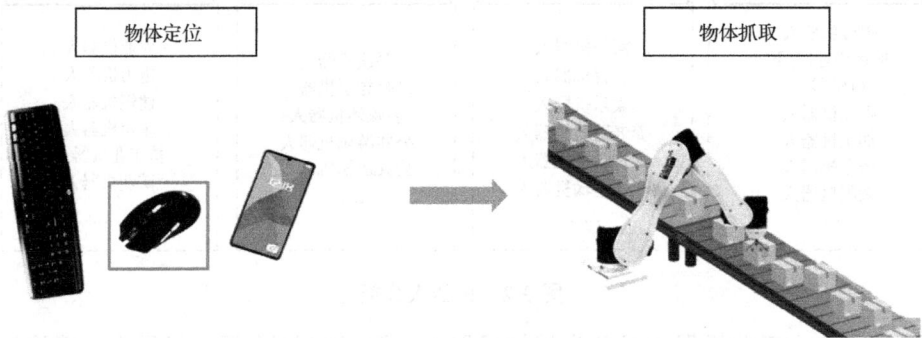

图 9-4　残次品检测系统组成

通过虚拟仿真，可实现残次品检测系统的功能，操作步骤如下。

步骤 1：进入 AI 智能应用系统开发平台，单击"空白项目"图标，新建一个空白项目。

步骤 2：添加"图像输入"控件，选择"图像识别"中的"图像主体检测"控件，实现物体的区域定位。使用"图像处理"中的"图片裁剪"控件，截取图像的主体图片，选择"图像识别"中的"图片通用识别"控件，识别物体的类别并完成分拣任务，整体效果如图 9-5 所示。

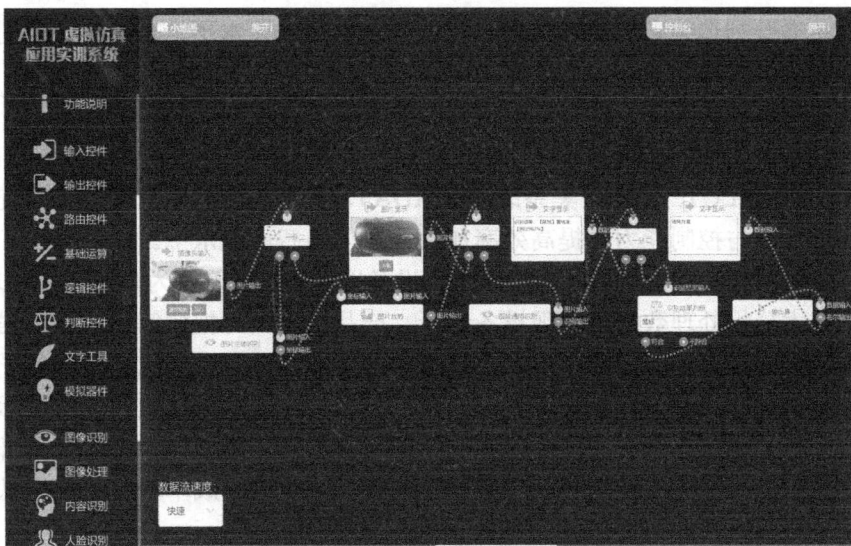

图 9-5 残次品检测系统实现

9.3 智能制造

9.3.1 "制造大国"变身为"制造强国"

我国在 2015 年提出了《中国制造 2025》，作为中国实施制造强国的第一个十年行动纲领，到 2025 年从"制造大国"变身为"制造强国"，到 2035 年达到世界制造强国阵营中等水平。

工业 1.0 关键字：蒸汽机、机械化。以蒸汽机为代表实现的工厂机械化，逐渐替代手工劳动力。

工业 2.0 关键字：电气化。电力驱动取代了蒸汽驱动，零部件生产与装配分离，开启大规模生产时代。

工业 3.0 关键字：信息化、自动化。PLC 及 PC 大量应用，通过程序控制生产线机器、设备工作，大量人力劳动被取代。

工业 4.0 关键字：智能工厂。通过物联网、大数据、人工智能技术的应用，构造具有感知意识的新型智能工厂，定制化生产，并且能对生产全流程（设备、能源、供应链等）业务进行精准预测及调度。

根据工业和信息化部、财政部发布的《智能制造发展规划（2016—2020 年）》定义，智能制造（Intelligent Manufacturing，IM）是基于新一代信息通信技术与先进制造技术深度融合，贯穿于设计、生产、管理、服务等制造活动的各个环节，具有自感知、自学习、自决策、自执行、自适应等功能的新型生产方式。

近几年，国家高密度发布了包括《促进新一代人工智能产业发展三年行动计划（2018-2020）》等一系列产业支持政策，持续推动智能制造产业建设进程。深入实施智能制造，鼓励新一代人工智能技术在工业领域各环节的探索应用，支持重点领域算法突破与应用创新，系统提升制造装备、制造过程、行业应用的智能化水平，着重在智能制造关键技术装备、智能制造新模式方面率先取得突破。

智能制造关键技术装备：提升高精度数控机床与工业机器人的智能化水平，利用人工智能技术提升制造装备的精度与产品质量，优化智能传感器与分散式控制系统（DCS）、可编程逻辑控制器（PLC）、数据采集系统（SCADA）、嵌入式控制系统等控制系统在复杂环境下的感知、认知与控制能力，提高效率加快数字化与智能化水平。

智能制造新模式：鼓励制造业企业以生产设备网络化、智能化为基础，应用人工智能、机器学习等技术分析处理数据，实现设备诊断、产品质量实时把控等功能。增强在人工智能引导下的人机协作与企业间协作研发设计与生产能力。发展个性化定制服务平台，通过对用户需求特征的深度学习和分析能力，优化产品模块化和个性化设计。搭建标准化信息采集与自动诊断系统，提升对产品、核心配件的生命周期分析能力。缩短产品研制周期、降低工厂产品不良品率、提升能源利用率以达到降低企业运行成本和避免"信息孤岛"产生的目的。

智能制造产业由感知层、网络层、执行层和应用层四个层次组成，如图 9-6 所示，其中感知层主要依托于传感器、RFID 和机器视觉等领域技术，实现传感感知以及信息采集等功能；网络层主要实现信息处理与传输，包括大数据、云计算、SCADA 系统、物联网、工业互联网等技术领域；执行层主要为智能制造终端集成产品即智能装备，包括机器人、数控机床、3D 打印设备等；应用层主要为自动化生产线以及智能工厂等的定制化生产的解决方案。

层级划分	产品	技术
应用层	自动化生产线智慧工厂	系统集成及定制化生产解决方案
执行层	智能机器人、数控机床、3D 打印设备	智能机器人方案、智能装备方案及3D打印技术
网络层	大数据、云计算、SCADA、物联网、工业互联网	信息处理技术、网络传输技术
感知层	传感器、RFID、机器视觉	传感感知技术、信息采集技术

图 9-6　智能制造产业组成

9.3.2　仪器仪表数据录入功能实现

智能制造产业的感知层主要实现传感感知以及信息采集等功能。目前在很多领域中受工作条件、经济性、便携性等要求限制，很多用于计量的仪器仪表都没有专门的通信接口，导致无法自动识别读数，对仪表数字的读取还要依靠人工采集来实现。但在一些特定场合，例如高温、高压、化工、辐射等人体不能长期适应的场合，人工抄表存在很大的危险性及不可行性，而人工智能技术的发展可以准确实现仪器仪表的数据录入功能，既可以提高效率又能够更好地保障人身安全。

通过虚拟仿真，可实现仪器仪表数据录入功能，操作步骤如下。

步骤 1：进入 AI 智能应用系统开发平台，单击"空白项目"图标，新建一个空白项目。

步骤 2：在"输入控件"中选择"自定义上传"，将控件拖入到"编辑器"中，单击选择文件，放入准备好的商标图片。使用"一分二"控件将输入图片分成两份，一份用于显示，另一份用于仪表数据提取的输入数据。添加"数字识别"控件以实现仪器仪表示数读取功能。最后使用"图片显示"控件和"文字显示"控件即可查看输入的图片与输出结果，整体效果如图 9-7 所示。

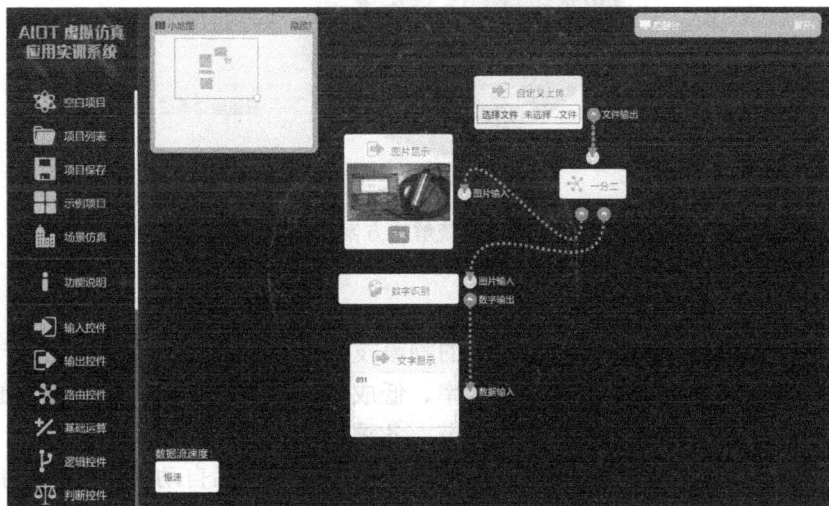

图 9-7　仪器仪表数据录入功能实现

9.4　智慧物流

1. 物流产业模式创新

随着全球化浪潮的推进，物流产业正面临前所未有的挑战，行业期待通过更高水平的数字化管理实现供应链智能化升级，从而推动构建智慧物流的新模式，显现智慧物流的新价值。目前，消费市场上出现了很多新物流运作模式，包括以货拉拉为例的车货匹配模式，以滴滴打车、曹操专车为例的运力众包模式，以七海国际为例的多式联运模式等。随着运输基础设施的完善、信息化建设技术的成熟，物流运作模式革新成为政策驱动和经济社会发展共同作用的结果。通过物流行业的信息化和数据化建设，实现社会资源的优化调配，促进共享经济是国家物流政策的愿景。

推进"互联网+"物流、物流模式创新、信息化和数据化建设是物流行业转型升级和创新发展的政策指导方针，同时也是回应数字消费新诉求的物流领域革新方向。

从中国智能制造系统解决方案提供商联盟发布的数据中可得知，2018 年智能制造系统解决方案细分市场占比统计情况中，物流领域占比高达 19%，输送、仓储、分拣与搬运的智能化方案已经是智能制造系统解决方案的最大场景，如图 9-8 所示。

2018年智能制造系统解决方案细分市场占比统计情况

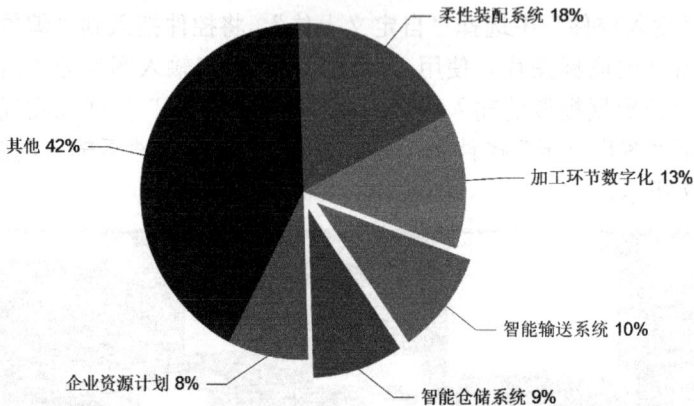

图 9-8　2018 年智能制造系统解决方案细分市场占比统计情况

2．物流技术服务的典型场景

以物联网、大数据、人工智能为代表的物流技术服务是推动物流信息化、自动化、智能化的重要技术手段，实现物流作业高效率、低成本，同时也是物流企业较为迫切的现实需求。其中，人工智能通过赋能物流各环节、各领域，实现智能配置物流资源、智能优化物流环节、智能提升物流效率。物流技术服务的典型场景包括自动化设备、智能设备、智能终端和智慧物流。

（1）自动化设备。通过自动化箱式立库、输送系统、分拣系统，实现存取、拣选、搬运、分拣等环节的机械化、自动化。

（2）智能设备。通过自主控制技术，进行智能抓取、码放、搬运及自主导航等，使整个物流作业系统具有高度的柔性和扩展性，如拣选机器人、码垛机器人、AGV、无人机、无人车等。

（3）智能终端。使用高速联网的移动智能终端设备，物流人员操作将更加高效便捷，人机交互协同作业将更加人性化，如电子标签、手持终端、语音拣选设备等。

（4）智慧物流。通过智能规划和资源共享减少无效物流的能耗排放，为绿色环保和可持续发展创造有利条件。

3．智慧物流

智慧物流是指通过智能硬件、物联网、大数据等智能化技术与手段，提高物流系统分析决策和智能执行的能力，提升整个物流系统的智能化、自动化水平。提高物流效率、优化物流链和物流服务创新是智慧物流的三大发展方向。

物流链的三个基本环节包括：仓储、运输和配送。作为物料和货物流入物流链的起点，相对于运输和配送环节，仓储环节的技术应用环境相对安全、可控，随着自动化技术、无人机技术、智能识别技术的成熟，仓储成了先进物流设备和技术的主要应用场景。仓储智慧化建设成为物流业降本增效的最有效手段。

　　企业在寻求物流仓储降本增效的方式上，受行业性质影响而不同。电商物流的独特性为小件、频繁、流量波动大，决定了电商巨头倾向独立于物流公司自建仓储。通过智慧仓储，实现控制成本和达到所需的物流效率。制造业垂直领域中流动货物的种类较为单调，仓库内货物种类也更为集中，加之大型制造业企业对业内物流链各阶段往往都有把握，因此，通过大数据实现物流链中货物流的规划，从而优化物流链较其他行业更为可行。

　　物流企业主要属于物流业中的货代物流细分领域，其价值主要体现在为货主企业提供的增值服务，如何实现服务创新是物流企业实现差异化发展的主要方式。

4．智慧物流发展现状

　　我国物流企业之间同质化程度较高，经过近几年的激烈竞争，目前形成了顺丰加"四通一达"的格局。

　　顺丰布局仓储自动分拣，实现创新业务的快速增长。顺丰开发仓储自动分拣系统，并应用了国内首个可以承载单件 60kg 以上货物的 AGV 分拣机器人，如图 9-9 所示，实现了仓储作业中分拣环节的自动化，节约仓储内人工成本 30% 以上。自动化仓储成就了快运业务的效率和成本优势，使得顺丰创新业务得以快速增长。

图 9-9　顺丰仓储 AGV 机器人

　　唯品会布局智慧仓储，2018 年，唯品会引入电商行业首个全自动集货缓存系统，实现仓内集货环节的自动化、无人化作业。唯品会的西南物流中心实现了平面集货缓存到立体集货缓存的仓储创新，仓库容积提升 1.5 倍，仓内配备的蜂巢自动集货缓存系统实现了仓储的智慧化运营。唯品会智慧仓储如图 9-10 所示。

　　菜鸟网络在广东打造了中国最大的机器人仓库，从收到订单到包裹出库平均只需十分钟，探索从仓储到物流全链的智慧化升级。先进的智慧物流技术是包裹得以高效处理的最主要原因。菜鸟网络的大数据实现库存的提前调配，可以做到在收到订单前就将货物存储在最合适的位置。物联网技术和机器人技术，如 AR 智能拣货机器人、AGV 机器人矩阵、机械臂拣选系统等，实现了仓储的无人化运营。仓库管理者可通过可视化数据，优化调配仓储库存，以此提高配送效率。菜鸟无人仓如图 9-11 所示。

图 9-10　唯品会智慧仓储

图 9-11　菜鸟无人仓

9.5　小结

人工智能作为引领未来的前瞻性、战略性技术，已经成为新一轮科技革命和产业变革的重要驱动力量。在工业领域，人工智能发展迅速，尤其是在预测性维护、质量控制、智能化排产等领域已取得长足的进步。

本章分别从智能机器人、智能制造及智慧物流等应用领域，结合实际的应用场景需求，帮助读者了解人工智能如何在工业场景中落地。可以预见，人工智能与工业的深度融合，既是现代工业发展的必然趋势，也为人工智能带来更为广阔的发展空间。

9.6　习题

一、选择题

1. 智能制造属于以下哪个发展阶段？（　　　）
   A．工业 1.0　　　　B．工业 2.0　　　　C．工业 3.0　　　　D．工业 4.0
2. 以下哪个选项不属于物流链的基本环节？（　　　）
   A．配送　　　　　　B．运输　　　　　　C．加工　　　　　　D．仓储

二、简答题

1. 请列举两个人工智能与生产制造融合，提高生产质量与生产效率的例子。
2. 请简述什么是智能制造。
3. 机器人可以划分为哪四个类别？

第10章　人工智能在零售领域的应用

10.1　人工智能在零售领域的应用概述

零售是人类社会最古老的商业形态，伴随人类文明而产生。从最早的挑担货郎走村串户贩卖商品，到形成固定的前店后厂模式，随后出现分散的小型零售商。工业革命之后，零售业完成店铺的百货革命并迅速大型化，紧接着又出现连锁即总部加分店的模式，超级市场和购物中心相继崛起。这些传统零售业态信奉抢占优势区位、快速开店扩张的经营原则，创造了每年门店数翻倍的黄金十年。

进入21世纪后，传统领域首次遭遇了前所未有的经营困境，全行业商品零售额增速连年下滑、关店潮频现。电子商务的兴起，人力、租金等经营成本的攀升等因素一定程度上冲击了传统零售业，但更本质的原因在于传统零售企业一直以来增长模式粗放、无法匹配新的消费需求。例如，产品研发阶段品牌商往往以人口结构或收入水平等统计量简单划分消费客群，但这已不能对消费者需求和行为给出细致入微的洞见，研发的新品缺乏差异化和针对性；在生产和分销端，传统零售企业往往缺乏对市场真实需求的把握，保持着"只要能够生产出来，就能卖出去"的盲目乐观心态，导致库存积压、经营压力剧增。

传统零售企业必须敢于打破过往的固化思维、调整经营模式，从而突破困境、重获增长。以人工智能为代表的新一代信息技术的日益成熟，使得应用门槛大幅降低，部分领先的零售企业着手应用这些数字科技。例如在实体店内对消费者外貌特征、产品偏好、情绪变化、消费记录进行汇总，实现线下流量的数字化。

围绕品牌商、零售商、消费者等参与主体和零售产业链条，人工智能技术在零售领域的应用场景包括精准营销、商品识别分析、自助消费、智能仓储、智能客服及无人零售等。零售业基于计算机视觉、语音语义及机器学习等技术，可提高企业的运营能力、促进销售额增长、降低人工成本等。企业也可通过改善顾客消费体验，促进消费者转化率提升，为业务发展增添动能。因此，本章将从商标识别改变消费者习惯的小场景开始介绍，再到果蔬商品自助结算程序、条形码识别，以及无人商超的大型零售场景，循序渐进，帮助读者了解"AI+零售"的落地应用。

10.2　商标识别

10.2.1　商标识别概述

以消费者为例，目前，"千人千面"的80后、90后、00后消费群体对环保、公益等独特的品牌价值诉求日益重视，但普通消费者对平日渗透在日常消费中的品牌并不了解。为了避免用户在品牌名称上的文字识别障碍，如果消费者通过拍照就能快速了解到身边商品的相关信息，包括公司简介、发展历程、动态新闻等，就能够有效帮助消费者选择品牌。

商标图片包含颜色、形状、特征等信息。由于我们要辨识的是商标而非整张图片，因此需要提取区域特征（Local Features），做法是先在影像中检测重要的特征点（Keypoint Detection），接着以其为基础（Base）取得周围的图像特征点（Feature Extraction），将不同的图片通过特征点进行比对（Feature Matching），可以判断是否有相同物件。识别的结果如图 10-1 所示。

图 10-1　商标识别结果

特征点检测（Keypoint Detection）演算方法有很多，这里用到了 SIFT 方法。尺度不变特征转换（Scale-Invariant Feature Transform，SIFT）是一种计算机视觉的算法，用来侦测与描述影像中的局部性特征，它在空间尺度中寻找极值点，并提取出其位置、尺度和旋转不变量。

影像局部性特征的描述与侦测可以帮助辨识物体，与影像的大小和旋转无关，对光线、噪音、角度变化的容忍度也很高。基于这些特性，在母数庞大的特征数据库中，很容易辨识物体而且鲜有误认。使用 SIFT 特征描述对于部分物体遮挡的侦测率也相当高，甚至只需要 3 个 SIFT 物体特征就足以计算出位置与方位，在现今的计算机硬件速度和小型的特征数据库条件下，辨识速度可接近即时运算。

在自然图像中，图标通常都比较小，若是直接提取 SIFT 特征，可能提取不到或者只能提取到几个特征点，这对检测是十分不利的。因此在识别时，应先裁剪出图像主体部分，将小于 200px 的图片进行放大，然后再提取 SIFT 特征。

10.2.1　商标识别功能实现

步骤 1：进入 AI 智能应用系统开发平台，新建一个空白项目，如图 10-2 所示。

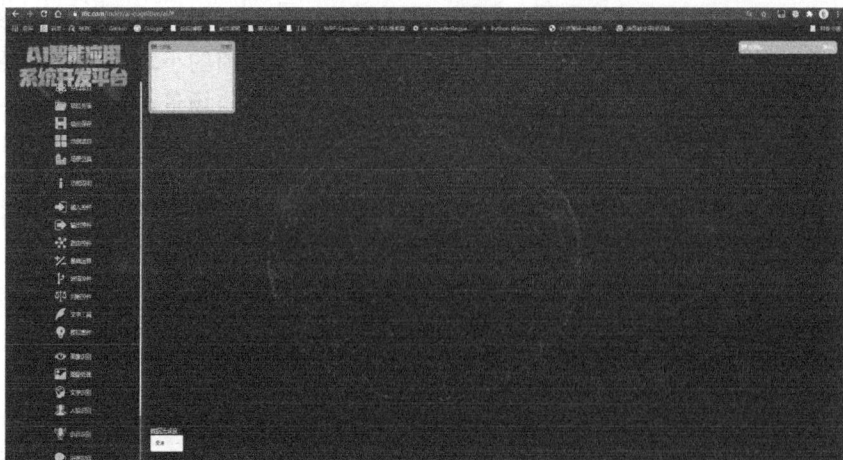

图 10-2　百科荣创 AI 智能应用系统开发平台

步骤 2：导入图片。选择"输入控件"中的"自定义上传"控件，将控件拖曳到编辑区，单击"选择文件"按钮，导入准备好的商标图片，如图 10-3 所示。

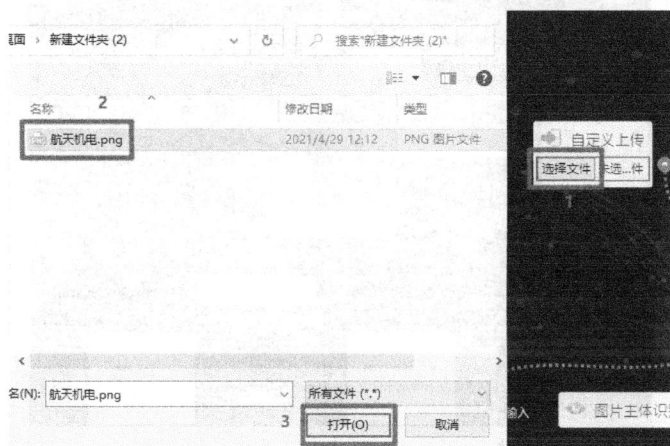

图 10-3　导入商标图片

步骤 3：图像处理。查看"输入控件"下的图片，可以发现照片中有太多元素，导致主体不突出，此时就可以通过裁剪来移除画面中干扰识别的元素。

选择"图像识别"中的"图片主体识别"控件和"图像处理"中的"图片裁剪"控件，拖曳至编辑区，然后将数据通过"路由控件"分发至输入端，连接完成后，单击"运行"按钮，结果如图 10-4 所示。

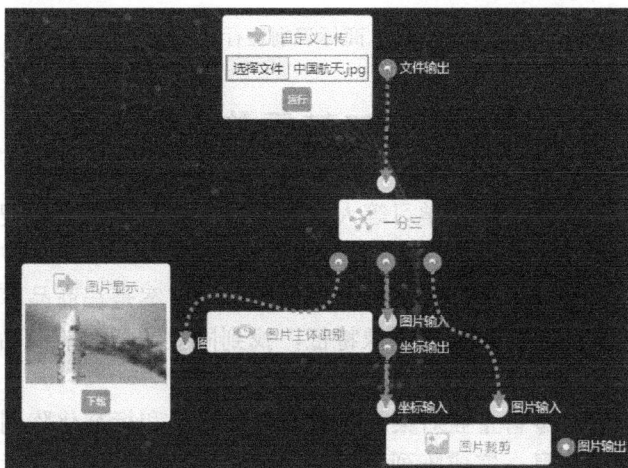

图 10-4　图像处理的系统应用构建

步骤 4：商标识别。完成图像裁剪后，选择"图像识别"中的"商标图片识别"控件，拖曳至编辑区。因为商标图片识别的两个输出均为文本，所以需要两个"输出控件"中的"文字输出"控件接收识别结果和坐标位置，将控件拖曳至编辑区，完整连线，如图 10-5 所示。

连接完成后，单击"运行"按钮，结果如图 10-6 所示，可以看到，已成功识别图"航天机电"的商标。

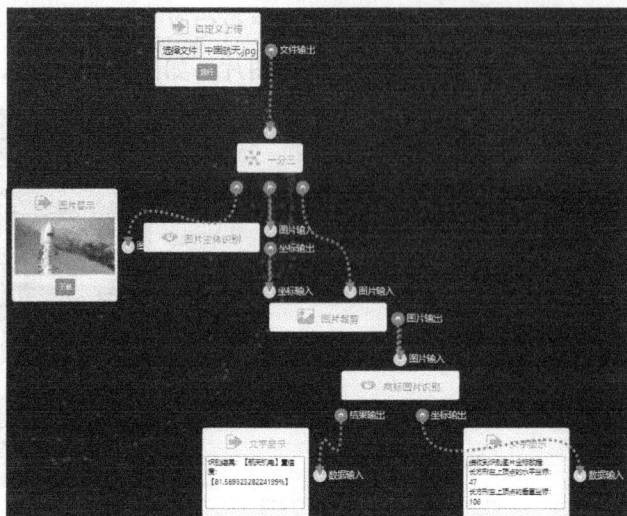

图 10-5　商标识别的场景应用构建

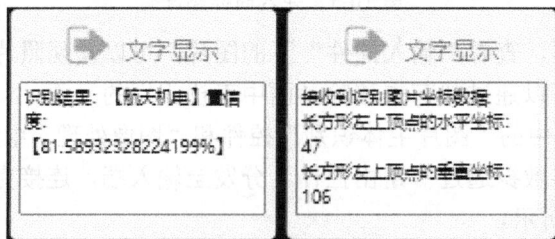

图 10-6　商标识别运行结果

10.3　智慧零售系统

目前，实体零售企业利用深度学习等人工智能技术已衍生出以图搜图、陈列分析、自助结算等商业化落地场景。

以图搜图：图像检索技术的泛称，以图搜图的落地方案是在商品库中搜索用户拍摄的图片，通过刻画高层语义特征和底层图像特征，找到同款和相似的商品，进行商品销售或相关商品推荐。

陈列分析：用于解决零售企业对渠道终端数据的采集和标准化陈列需求。通过图像识别技术可获得商品货架信息，完成陈列审核、货架品类及数量分析、竞品跟踪分析等，可提高品牌商业务人员的巡店效率，避免数据错误或作假，促进销售业绩增长。同时对货架的陈列进行分析，也可为终端渠道门店提供货品数据信息。

自助结算：用于解决线下零售门店高峰期排队严重、人工结算易出错、商品盗损等问题。自助结算设备替代人工，可以提高收银效率，减少人工成本。智能摄像头也可以对收银员或消费者的漏扫、购物车未结算等行为予以检测及实时提醒，助力商超门店的资产保护。

目前较为落地的解决方案是整合市面上的智能电子秤、降低商品识别分析门槛，以及专门的 ISV 企业为零售定制的公共 API。本节以果蔬商品自助结算系统为例，完成智能电子秤的模拟体验。果蔬商品自助结算解决方案架构如图 10-7 所示。

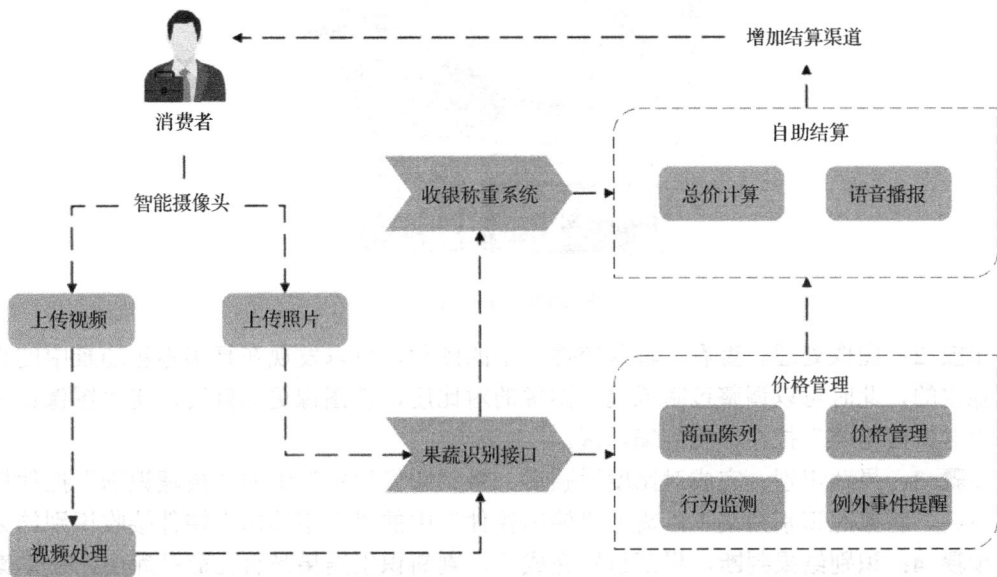

图 10-7　果蔬商品自助结算解决方案架构

若想实现水果识别，无论是训练还是识别阶段都需要提取图片中水果的特征值。水果包含了周长、面积、颜色、长度和宽度 5 个特征值。遇到特征值较多的情况，使用深度学习的效果明显优于普通机器学习，因此可以使用 TensorFlow 框架搭建卷积神经网络模型，加载水果图片数据集，处理后让模型进行学习训练，最终得到预测图片。

下面介绍如何在平台上搭建果蔬识别系统。

步骤 1： 进入 AI 智能应用系统开发平台，创建空白项目，然后选择"输入控件"中的"自定义上传"控件，将控件拖曳到编辑区，单击"选择文件"按钮，导入准备好的水果图片，过程如图 10-8 所示，示例图片如图 10-9 所示。

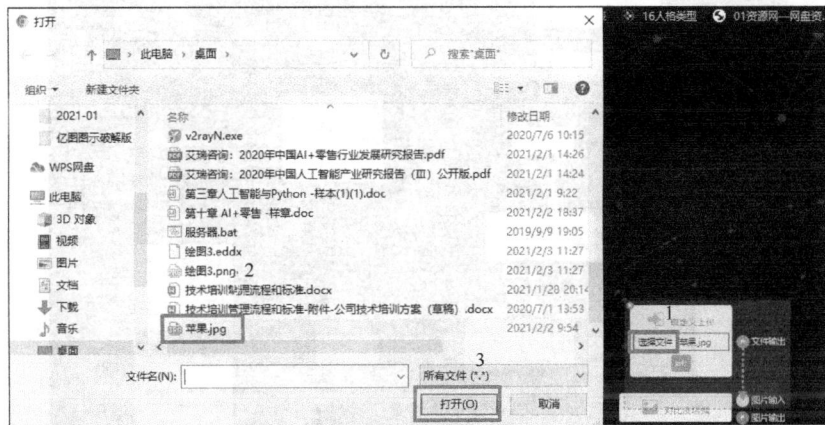

图 10-8　选择输入控件为自定义上传

图 10-9　示例图片

步骤 2：图像处理。查看"输入控件"下的图片，可以发现在真实零售场景中的光源是不稳定的，此时可以调整过暗或过亮图像的对比度，使图像更加鲜明，将"图像识别"中的"对比度增强"控件拖曳到编辑区。

步骤 3：果蔬识别。完成对比度增强后，将"图像识别"中的"果蔬识别"控件拖曳到编辑区，将果蔬识别为文本，需要"输出控件"中的"文字输出"控件接收识别结果。

步骤 4：识别结果判断。果蔬识别完成后，判断识别结果是否在商品库中，在本案例中，我们模拟了香蕉、苹果两种水果，所以需要将两个"判断控件"中的"识别结果判断"控件拖曳到编辑区。

步骤 5：数据输出。识别结果有两个分支，若识别结果在商品库中，使用"输出控件"中的"文字输出"控件输出结果；若识别结果不在商品库中，在使用"文字输出"控件的同时，使用"语音播报"控件输出结果，提示使用者有异常。完整连线如图 10-10 所示。

连接完成后，单击"运行"按钮，识别结果如图 10-11 所示。可以看到，已成功在"文字输出"控件处打印识别信息"苹果"和置信度。

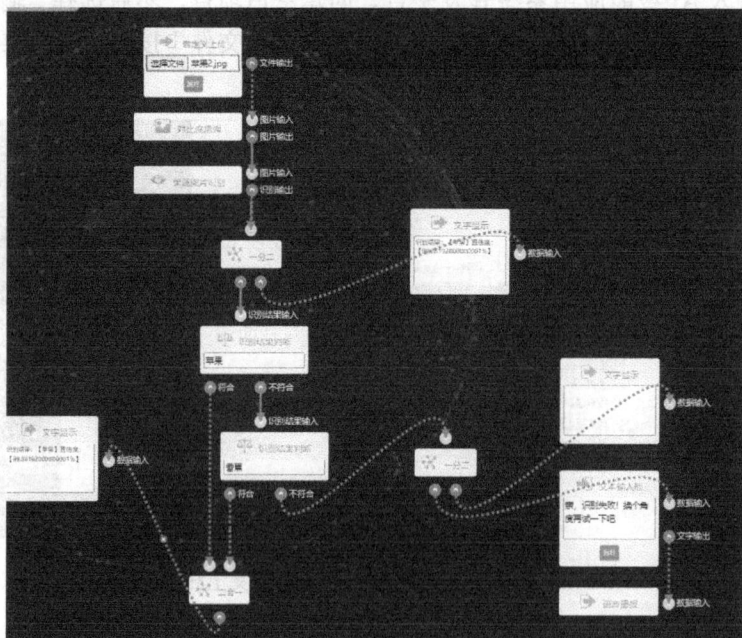

图 10-10　果蔬识别功能的构建

图 10-11　果蔬识别运行结果

10.4　智能仓储

随着零售新业态的快速发展，仓储成本也对零售供应链构成了挑战。零售企业需要对需求预测、选品及采购、库存计划、自动订货补货、库存优化、货物追踪、货架管理等过程高效协同作业，重塑产业链模式，推进传统供应链向智慧供应链转型，比较有代表性的企业有第四范式。

智能仓储的流程比较明确，对象主体就是仓库本身，从仓库主体出发，工作流程可以分为出库和入库流程，因此本节将以工作流程为例，介绍智能仓储的商业化落地场景。智能仓储的解决方案架构如图 10-12 所示。

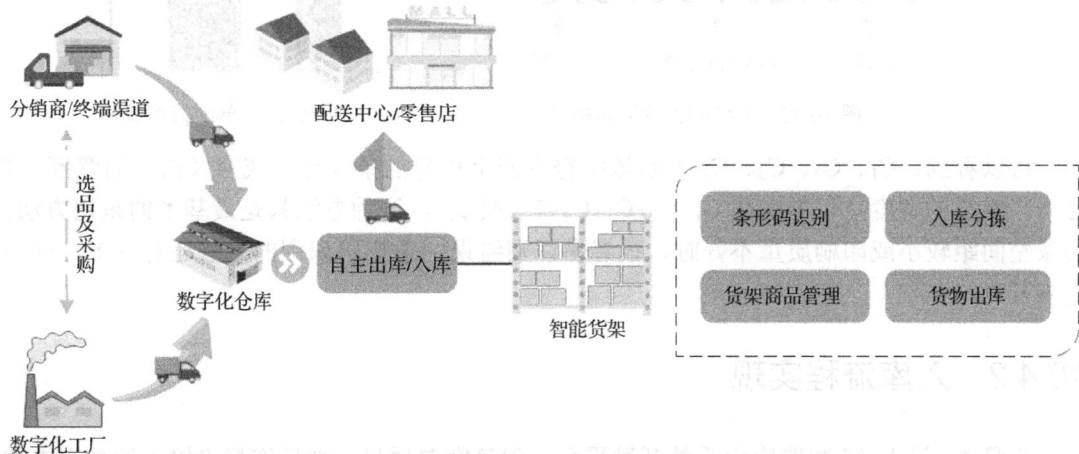

图 10-12　智能仓储解决方案架构

可以看到，智能仓储解决方案通过实现条形码识别、入库分拣、货架商品管理、货物出库四个功能完成入库和出库的工作流程。

（1）入库流程：当货物从工厂或渠道商运送至仓库时，需要对商品进行条形码识别以确定商品名。我们以 3×3 格子模拟智能货架，每个格子只存放一种商品，根据已录入的商品信息，可将商品分拣至货架内。

（2）出库流程：当配送中心/零售店向仓库下单时，在货架中检索商品，提供货物方位，完成出库。

10.4.1 条形码识别

条形码是由美国的 N.T.Woodland 在 1949 年首先提出的。近年来,随着计算机应用的不断普及,条形码的应用得到了很大的发展。条形码可以标出商品的生产国、制造厂家、商品名称、生产日期、图书分类号、邮件起止地点、类别、日期等信息,因而在商品流通、图书管理、邮电管理、银行系统等许多领域都得到了广泛的应用。

EAN-13 码是 EAN 码的一种,用 13 个字符表示信息,是我国主要采取的编码标准。EAN-13 码包含商品的名称、型号、生产厂商、所有国家/地区等信息。EAN-13 的具体格式如图 10-13 所示。

条形码由宽度不同、反射率不同的条(黑色)和空(白色)组成。若按照特定的编码规则编制,可以用来表示一个字符,如图 10-14 所示。

图 10-13　EAN-13 条形码格式

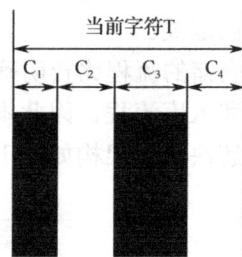

图 10-14　单字符的编码

可以看到,C_1、C_2、C_3、C_4 表示该字符中四个相邻的条(黑)或空(白)的宽度,T 是一个字符的宽度,可得编码 $C_1+C_2+C_3+C_4=7$(模块)。这种方法只是最基本的识别方法,当条空间距较小或印刷质量不好时,很容易识别错误。条形码识别的方法还有许多,就不再展开介绍。

10.4.2 入库流程实现

步骤 1:进入 AI 智能应用系统开发平台。创建空白项目,然后选择"输入控件"中的"自定义上传"控件,准备样图。本案例准备了 3 张样图,如图 10-15 所示,它们的商品和条形码信息分别是益达口香糖(6923450659861)、太古方糖(4899888154013)和旺仔牛奶(6920584471017)。

图 10-15　样图

步骤 2：在"内容识别"控件处拖拽出"条形码识别"控件，然后在"模拟器件"控件中找到"智能货架"控件，拖曳出 3 个货架，分别输入 3 个商品的条形码信息。

步骤 3：完成所有连接后，从"自定义上传"控件处传入图片，单击"运行"按钮，结果如图 10-16 所示，可以看到不同的商品经过条形码识别后会分拣至不同的货架上。

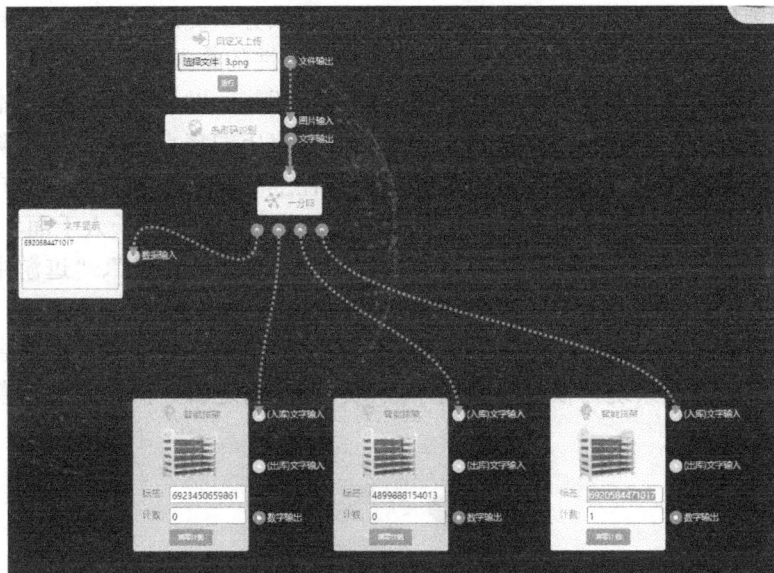

图 10-16　入库流程实现

10.4.3　出库流程实现

出库由配送中心/零售店向仓库下单，与入库的实现方式类似，只需将入库改为出库即可，单击"运行"按钮，结果如图 10-17 所示，可以看到货架计数从 1 减至 0。

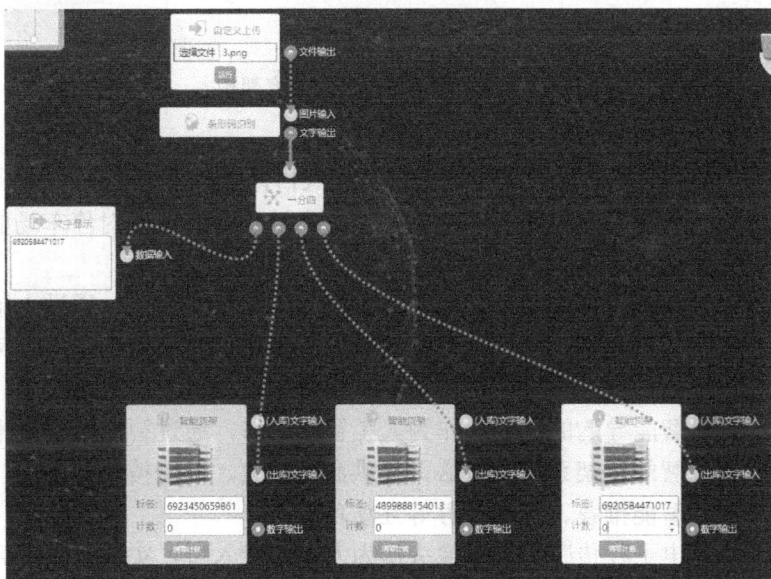

图 10-17　出库流程实现

10.5 无人超市

为解决客流量下降的痛点，超级市场和购物中心等零售企业以人工智能抓拍摄像机作为线下消费者场景入口，辅以数据中心提供数据处理服务，促进购物中心、超级市场、汽车 4S 店等传统零售企业的线上线下融合。比较有代表性的企业有云从科技、马隆科技。

一个完整的解决方案需要包括主体对象、流程、环节，以及概念创新，本次方案主体是零售店，那零售店的现状、困难和需求是什么？零售店的痛点是客流量下降和坪效面积下降，零售店的统计对象是消费者，这需要我们再往上一层了解零售店的客户群体。

随着消费升级，消费者要的不是千篇一律的逛游体验，而是"千人千面"的消费方式，从"人-货-场"三个方面落实流程，可以分成"车到场"、"人到场"、"逛游中"和"人离场"四个环节，针对每个环节再设置不同用户的数据记录和技术互动创新。

无人超市的解决方案架构如图 10-18 所示，它以数据中心为基础，以语音导购系统无缝集成现有的智能货架系统为核心，重构"人-货-场"的逻辑，提升企业经营的质量、效率，降低成本。

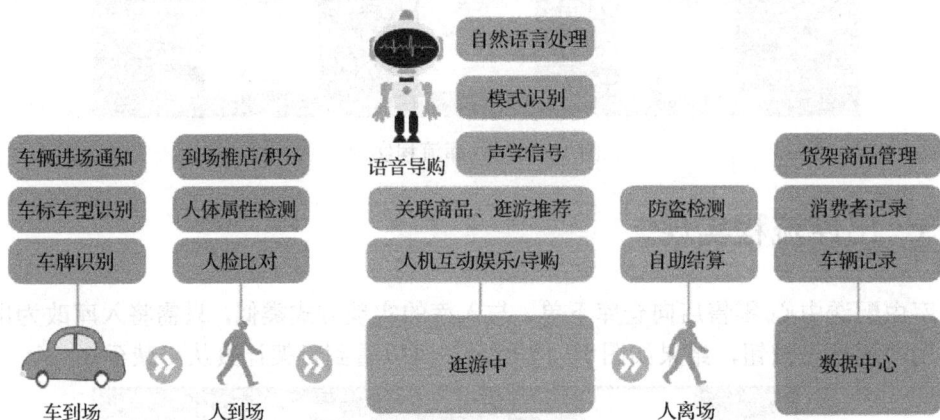

图 10-18　无人超市解决方案架构

下面对消费者逛游体验过程中每个环节进行解析。

（1）车到场：以停车场的摄像头作为人工智能入口，通过车牌识别，对车辆进行记录，实现数据收集；也可以对车主的车标车型进行收集和记录；还可以对停车场的车辆进行统计，合理通知车主到达指定车位。

（2）人到场：以超市内部的摄像头和传感器作为人工智能入口，通过人脸识别，对消费者进行记录，实现数据收集；也可以对消费者的特征进行收集和记录；还可以实现人与店、店与店之间的互动，比如举行到场推店、推优惠券及积分签到等活动。

（3）逛游中：以智能导购的麦克风作为人工智能入口，通过智能语音技术与消费者进行人机对话；也可以智能货架系统为核心，提供商品检索、以图搜图等功能；还可以根据消费者的信息，实现智能推荐、逛游推荐等互动功能。

（4）人离场：以电子秤传感器和摄像头作为人工智能入口，实现自主结算功能。该环节在 10.3 节智慧零售系统中已进行详细说明，此处不再赘述。除结算以外，还可考虑安全性，增加防盗检测等人工智能功能。

10.5.1　人机对话

人类大脑皮层每天处理的信息中，声音信息占 20%，它是沟通最重要的纽带之一，人机对话将方便人们的工作与生活。完整的人机对话包括声音信号的前端处理、将声音转为文字供机器处理、在机器生成语言之后，用语音合成技术将文本语言转化为声波，从而形成完整的人机语音交互。人机对话的实现流程如图 10-19 所示

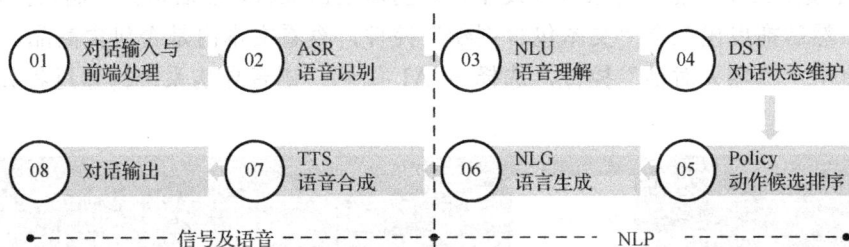

图 10-19　人机对话的实现流程

对话引擎是支撑人机对话实现的核心，被广泛应用于智能客服、智能交互设备、智能车载系统等领域，核心功能包括语义理解、对话管理、知识库和帮助开发者定制开发扩展应用的工具，详情见表 10-1。知识库的建立对对话引擎十分重要，其中知识图谱及图谱知识库构建工具能够直接从业务文档抽取知识、建立规则，而不局限于整理好的问答对，这不仅可以帮助机器找到直接的答案来源，还可以使机器依据元素的属性与关系理解语义、形成话题推荐等对话策略。

表 10-1　对话引擎的能力矩阵表

核 心 功 能	功 能 要 素
语义理解	结构分析型理解、语义匹配型理解、端到端型理解
对话管理	分发式对话管理、流程式对话管理、异常对话处理与在线学习
知识库	键-值型知识库、实体-关系型知识库、无结构文本知识
开发扩展应用工具	对话管理编程框架、知识库构建工具、日志分析工具

目前，人机对话背后涉及的声学研究、模式识别研究、通用自然语言处理（Natural Language Processing，NLP）研究及垂直场景的深度语义理解等还未成熟，有明显短板，因此在交互体验、使用效果、场景性优化等方面都还有很长的路要走。

10.5.2　语音导购实现

语音导购系统以日常对话 API 为基础，无缝集成了现有的智能货架系统。货架内的商品信息如表 10-2 所示。

表 10-2　货架商品信息表

	益达	方糖	旺仔牛奶
标签	6923450659861	4899888154013	6920584471017
数量	0	20	8
方位	A1 柜台处	B1 调料区	C1 饮料区

下面介绍如何在平台上搭建语音导购系统。

步骤 1：进入 AI 智能应用系统开发平台，创建空白项目，然后选择"输入控件"控件，输入文本。然后拖曳出三个"文本包含判断"控件，查看文本内是否包含商品。若都不包含，则拖曳出"机器人对话"控件，选择与 AI 闲聊。语音导购系统构建过程如图 10-20 所示。

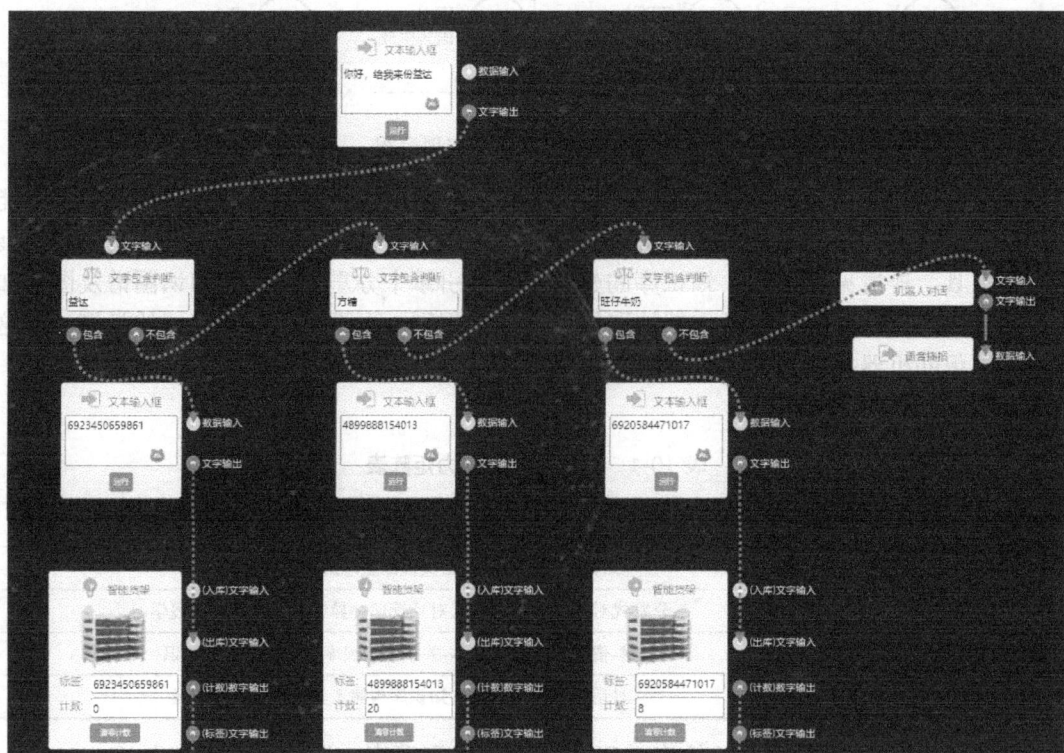

图 10-20　语音导购系统构建

步骤 2：如图 10-20 所示，输入的文本中包含了"益达"关键词，因此程序会进入"益达"智能货架处获得库存信息 0，此时应该提示客户库存不足。

在"判断控件"处拖曳出"数字大小判断"控件，判断库存是否小于 1，若库存充足就为客户指引方位；若库存不足，则给予客户温馨提示。连接结果如图 10-21 所示。

步骤 3：运行案例，可以听到温馨提示"对不起，亲，物流小哥正在飞速赶来补货哦。"

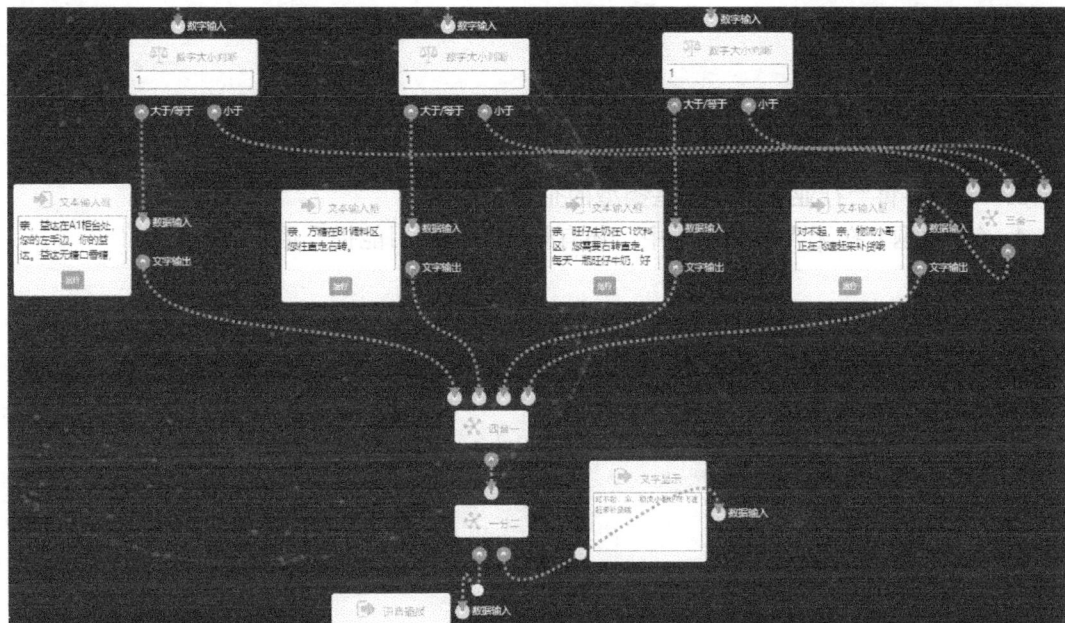

图 10-21 运行结果

10.6 小结

目前，"AI+零售"行业整体仍处于探索阶段，AI 技术作为主要驱动力，将为零售行业各参与主体、各业务环节赋能，为零售企业的智能化改革带来更大的想象空间，助推行业整体价值增长。本章详细介绍了人工智能的应用是如何渗透到消费者、零售商、品牌商，以及零售业产业链条中的。

本章从商标识别开始，依次介绍了商品识别、智慧零售系统、智能仓储、无人超市，难度从小程序开始逐渐向系统解决方案的级别递增，分别对应品牌商、零售商、零售业供应链，以及消费者四个参与主体。商品识别是品牌商推广自身的方法体现，主要介绍了对商品商标特征点的检测过程；智慧零售系统是零售商降低人工成本的项目落地，主要介绍了图像检索技术；智能仓储是零售业供应链的项目落地，主要介绍了条形码识别技术；无人超市是实现消费升级的具体落地方案，主要介绍了智能语音技术。

10.7 习题

一、选择题

1. 依据可替代性，"AI+零售"行业处于以下哪种类型？（　　　）
   A. 完全垄断　　　　B. 寡头垄断　　　　C. 垄断竞争　　　　D. 完全竞争
2. "AI+零售"行业总体处于哪个生命周期阶段？（　　　）
   A. 初创期　　　　　B. 成长期　　　　　C. 成熟期　　　　　D. 衰退期

二、简答题

1．请简述"AI+零售"行业的发展趋势。
2．请简单分析超市的上游、中游、下游产业链。
3．"AI+零售"行业主要有哪些类型的企业在竞争？
4．（开放题）在无人超市场景中，还有什么好的应用能提升用户体验？

参 考 文 献

[1] 马飒飒，张磊等主编. 人工智能基础[M]. 北京：电子工业出版社. 2020.

[2] 高航，俞学劢，王毛路著. 区块链与人工智能：数字经济新时代[M]. 北京：电子工业出版社. 2018.

[3] 丁世飞编著. 人工智能导论（第3版）[M]. 北京：电子工业出版社. 2020.

[4] 胡一波著. 人工智能：重塑个人、商业与社会[M]. 北京：电子工业出版社. 2020.

[5] 腾讯研究院，中国信息通信研究院互联网法律研究中心著. 人工智能[M]. 北京：中国人民大学出版社. 2017.

[6] 樊重俊编著. 人工智能基础与应用[M]. 北京：清华大学出版社. 2020.

[7] 丁艳主编. 人工智能基础与应用[M]. 北京：机械工业出版社. 2020.

[8] 〔日〕马场口，〔日〕山田诚二著. 人工智能基础（原书第2版）[M]. 张丹译. 北京：机械工业出版社. 2020.

[9] 康宇迪等编著. 人工智能数学基础[M]. 北京：北京大学出版社. 2020.

[10] 刘鹏等编著. 人工智能从小白到大神[M]. 北京：中国水利水电出版社. 2021.

[11] 〔意〕皮埃罗·斯加鲁菲（Piero Scaruffi）著. 人工智能通识课[M]. 张瀚文译. 北京：人民邮电出版社. 2020.